建设工程施工质量验收规范要点解析

建筑地基与基础工程

周 胜 主编

中国铁道出版社

2012年·北京

内 容 提 要

本书是《建设工程施工质量验收规范要点解析》系列丛书之《建筑地基与基础工程》，共有四章，内容包括：地基工程、桩基础工程、土方工程、基坑工程。本书内容丰富，层次清晰，可供相关专业人员参考学习。

图书在版编目(CIP)数据

建筑地基与基础工程/周胜主编.—北京：中国铁道出版社，2012.9
（建设工程施工质量验收规范要点解析）
ISBN 978-7-113-14474-6

Ⅰ.①建… Ⅱ.①周… Ⅲ.①地基—基础(工程)—工程验收—建筑规范—中国 Ⅳ.①TU753

中国版本图书馆 CIP 数据核字(2012)第 061443 号

书 名：	建设工程施工质量验收规范要点解析 **建筑地基与基础工程**
作 者：	周 胜

策划编辑：江新锡 徐 艳		
责任编辑：徐 艳	**电话**：010－51873193	
助理编辑：董苗苗		
封面设计：郑春鹏		
责任校对：王 杰		
责任印制：郭向伟		

出版发行：中国铁道出版社(100054，北京市西城区右安门西街 8 号)
网　址：http://www.tdpress.com
印　刷：北京昌平百善印刷厂
版　次：2012 年 9 月第 1 版　2012 年 9 月第 1 次印刷
开　本：787mm×1092mm　1/16　印张：10.5　字数：256 千
书　号：ISBN 978-7-113-14474-6
定　价：27.00 元

前　言

近年来,住房和城乡建设部相继对专业工程施工质量验收规范进行了修订,工程建设质量有了新的统一标准,规范对工程施工质量提出验收标准,以"验收"为手段来监督工程施工质量。为提高工程质量水平,增强对施工验收规范的理解和应用,进一步学习和掌握国家有关的质量管理、监督文件精神,掌握质量规范和验收的知识、标准,以及各类工程的操作规程,我们特组织编写了《建设工程施工质量验收规范要点解析》系列丛书。

工程质量在施工中占有重要的位置,随着经济的发展,我国建筑施工队伍也在不断的发展壮大,但不少施工企业,特别是中小型施工企业,技术力量相对较弱,对建设工程施工验收规范缺乏了解,导致单位工程竣工质量评定度低。本丛书的编写目的就是为提高企业施工质量,提高企业质量管理人员以及施工管理人员的技术水平,从而保证工程质量。

本丛书主要以"施工质量验收规范"为主线,对规范中每个分项工程进行解析。对验收标准中的验收条文、施工材料要求、施工机械要求和施工工艺的要求进行详细的阐述,模块化编写,方便阅读,容易理解。

本丛书分为:

1.《建筑地基与基础工程》;

2.《砌体工程和木结构工程》;

3.《混凝土结构工程》;

4.《安装工程》;

5.《钢结构工程》;

6.《建筑地面工程》;

7.《防水工程》;

8.《建筑给水排水及采暖工程》;

9.《建筑装饰装修工程》。

本丛书可作为监理和施工单位参考用书,也可作为大中专院校建设工程专业师生的教学参考用书。

由于编者水平有限,错误疏漏之处在所难免,请批评指正。

编　者

2012 年 5 月

目 录

第一章　地　基　工　程

第一节　灰　土　地　基

一、验收条文

(1)灰土地基的质量验收标准应符合表1—1的规定。

表1—1　灰土地基质量验收标准

项目	序号	检查项目	允许偏差或允许值		检查方法
			单位	数值	
主控项目	1	地基承载力	设计要求		按规定方法
	2	配合比	设计要求		按拌和时的体积比
	3	压实系数	设计要求		现场实测
一般项目	1	石灰粒径	mm	≤5	筛分法
	2	土料有机质含量	%	≤5	试验室焙烧法
	3	土颗粒粒径	mm	≤15	筛分法
	4	含水量(与要求的最优含水量比较)	%	±2	烘干法
	5	分层厚度偏差(与设计要求比较)	mm	±50	水准仪

(2)验槽发现有软弱土层或孔穴时,应挖除并用素土或灰土分层填实。最优含水量可通过击实试验确定。分层厚度可参考表1—2所示的数值。

表1—2　灰土最大虚铺厚度

序号	夯实机具	质量(t)	厚度(mm)	备　注
1	石夯、木夯	0.04～0.08	200～250	人力送夯,落距为400～500 mm,每夯搭接半夯
2	轻型夯实机械	—	200～250	蛙式或柴油打夯机
3	压路机	机重6～10	200～300	双轮

二、施工材料要求

灰土地基施工材料的要求见表1—3。

表1—3　施工材料的要求

材料	使用注意事项
土料	宜采用就地挖出的黏性土料或塑性指数大于4的粉土,土内不得含有有机杂物,地表耕植土不宜采用。土料使用前应过筛,其粒径不得大于15 mm,施工时的含水量应控制在最优含水量的±2%范围内。冬期施工不得采用冻土或夹有冻土块的土料
熟化石灰	熟化石灰应采用生石灰块(块灰的含量不少于70%),在使用前3～4 d用清水予以熟化,充分水解后成粉末状,并加以过筛。其最大粒径不得大于5 mm,并不得夹有未熟化的生石灰块及其他杂质。生石灰质量应符合现行行业标准《建筑生石灰》(JC/T 479—1992)的规定
生石灰粉	采用生石灰粉代替熟化石灰时,在使用前按体积比预先与黏土拌和洒水堆放8 h后方可铺设。生石灰粉质量应符合现行行业标准《建筑生石灰粉》(JC/T 480—1992)的规定。生石灰粉进场时应有生产厂家的产品质量证明书
水泥	宜采用普通硅酸盐水泥并符合相关质量标准的规定

三、施工机械要求

灰土地基施工机械的要求见表1—4。

表1—4　施工机械的要求

项目	内容
施工机械	蛙式打夯机或压路机、平碾、振动碾等
一般工具	人力夯、手推车、筛子(孔径5～10 mm和15～20 mm两种)、标准斗、靠尺、耙子、平头铁锹、胶皮管、小线、钢尺等

四、施工工艺解析

(1)灰土地基施工操作工艺见表1—5。

表1—5　操作工艺

项目	内容
检验	检验土料和石灰粉的质量并过筛检验土料和石灰粉的质量是否符合标准的要求,然后分别过筛。需控制消石灰粒径,应小于或等于5 mm,土颗粒粒径应小于或等于15 mm
灰土拌和	灰土的配合比应按设计要求,常用配比为3∶7或2∶8(消石灰与黏性土体积比)。灰土必须过斗,严格控制配合比。拌和时必须均匀一致,至少翻拌3次,拌和好的灰土颜色应一致,且应随用随拌。 灰土施工时,应适当控制含水量。工地检验方法是:用手将灰土紧握成团,两指轻捏即碎为宜。如土料水分过大或不足时,应翻松晾晒或洒水润湿,其含水量控制在±2%范围内

续上表

项　目	内　　容
槽底清理	基坑(槽)底基土表面应将虚土、杂物清理干净,并打两遍底夯,局部有软弱土层或孔洞时应及时挖除,然后用灰土分层回填夯实
夯打密实	各层虚铺都用木耙找平,参照高程标志用尺或标准杆对应检查。 　　每层的灰土铺摊厚度,可根据不同的施工方法,按表1—2选用。 　　夯压的遍数应根据现场试验确定,一般不少于4遍。若采用人力夯或轻型夯实工具应一夯压半夯,夯夯相连,行行相接,纵横交叉。若采用机械碾压,应控制机械碾压速度。对于机械碾压不能到位的边角部位须补以人工夯实。每层夯压后都应按规定用环刀取样送检,分层取样试验,符合要求后方可进行上层施工。 　　留、接槎规定:灰土分段施工时,不得在墙角、柱基及承重窗间墙下接槎,上下两层灰土的接槎距离不得小于 500 mm。铺灰时应从留槎处多铺 500 mm,夯实时夯过接槎缝 300 mm 以上,接槎时用铁锹在留槎处垂直切齐。当灰土基础标高不同时,应做成阶梯形。阶梯按照 $l_{长}:l_{高}=2:1$ 的比例设置
找平和验收	灰土最上一层完成后,应拉线或用靠尺检查标高和平整度。高的地方用铁锹铲平,低的地方补打灰土,然后请质量检查人员验收
雨、冬期施工	雨期施工时,应采取防雨或排水措施。刚铺完尚未夯实的灰土,如遭雨淋浸泡,则应将积水及松软灰土除去,并重新补填新灰土夯实,受浸湿的灰土应在晾干后,再夯打密实。 　　冬期施工时,应采取防冻措施,打灰土用的土料,应覆盖保温,避免形成冻土块,当日拌和灰土应当日铺完,要做到随筛、随拌、随铺、随打、随盖,认真执行留槎、接槎和分层夯实的规定。气温在 -10℃ 以下时,不宜施工

　　(2)地基工程应注意的问题及主要技术文件见表1—6。

表 1—6　地基工程应注意的问题及主要技术文件

项　目	内　　容
应注意的问题	灰土的土料宜用黏土及塑性指数大于4的粉质黏土。严禁采用冻土、膨胀土和盐渍土等活动性较强的土料。土料中有机物含量不得超过 5%,土料应过筛,颗粒不得大于 15 mm。石灰应用Ⅲ级以上的新鲜块灰,含氧化钙、氧化镁比例越高越好,石灰消解后使用,颗粒不得大于 5 mm,消石灰中不得夹有未熟化的生石灰块粒及其他杂质,也不得含有过多的水分。灰土采用体积配合比,一般为 2:8 或 3:7
主要技术文件	(1)工程地质勘察报告、施工图、图纸会审纪要、设计变更单及材料代用通知单等。 (2)经审定的施工组织设计、施工方案及执行中的变更情况。 (3)地基检测报告、地基验槽记录。 (4)原材料出厂合格证及进场验收记录、材料复试报告、施工试验报告等资料。 (5)施工记录、隐蔽工程检查记录

第二节 砂和砂石地基

一、验收条文

(1)砂及砂石地基的质量验收标准应符合表1-7的规定。

表1-7 砂及砂石地基质量验收标准

项目	序号	检查项目	允许偏差或允许值		检查方法
			单位	数值	
主控项目	1	地基承载力	设计要求		按规定方法
	2	配合比	设计要求		检查拌和时的体积比或重量比
	3	压实系数	设计要求		现场实测
一般项目	1	砂石料有机质含量	%	≤5	焙烧法
	2	砂石料含泥量	%	≤5	水洗法
	3	石料粒径	mm	≤100	筛分法
	4	含水量(与最优含水量比较)	%	±2	烘干法
	5	分层厚度(与设计要求比较)	mm	±50	水准仪

(2)砂和砂石地基每层铺筑厚度及最优含水量可参考表1-8所示数值。

表1-8 砂和砂石地基每层铺筑厚度及最优含水量

序号	压实方法	每层铺筑厚度(mm)	施工时的最优含水量(%)	施工说明	备注
1	平振法	200~250	15~20	用平板式振捣器往复振捣	不宜使用干细砂或含泥量较大的砂所铺筑的砂地基
2	插振法	振捣器插入深度	饱和	(1)用插入式振捣器;(2)插入点间距可根据机械振捣幅大小决定;(3)不应插至下卧黏性土层;(4)插入振捣完毕后,所留的孔洞,要用砂填实	不宜使用细砂或含泥量较大的砂所铺筑的砂地基

续上表

序号	压实方法	每层铺筑厚度(mm)	施工时的最优含水量(%)	施工说明	备注
3	水撼法	250	饱和	(1)注水高度应超过每次铺筑面层; (2)用钢叉摇撼捣实插入点间距为 100 mm; (3)钢叉分四齿,齿的间距 80 mm,长 300 mm,木柄长 90 mm	—
4	夯实法	150～200	8～12	(1)用木夯或机械夯; (2)木夯重 40 kg,落距 400～500 mm; (3)一夯压半夯全面夯实	—
5	碾压法	250～350	8～12	6～12 t压路机往复碾压	适用于大面积施工的砂和砂石地基

注:在地下水位以下的地基其最下层的铺筑厚度可比表中要求增加 50 mm。

二、施工材料要求

砂和砂石地基施工材料的选用见表 1—9。

表 1—9 砂和砂石地基施工材料的选用

项目	内容
天然级配砂石或人工级配砂石	天然级配砂石或人工级配砂石。级配良好,不均匀系数 C_u 应大于5,宜采用质地坚硬的中砂、粗砂、砾石、石屑或其他稳定性好、透水性强的无害工业废粒料。在缺少中、粗砂和砾砂的地区,当有试验依据时,可采用细砂,但宜同时掺入一定数量粒径 20～50 mm 的碎石或卵石,其掺量应符合设计要求,拌和均匀,要求颗粒级配良好
砂石要求	级配砂石材料,碎(卵)石含量不得超过 50%,不得含有草根、垃圾等有机杂物。含泥量不宜超过 5%,用作排水固结地基时,含泥量不宜超过 3%。碎石或卵石最大粒径不得大于垫层或虚铺厚度的 2/3,并不宜大于 100 mm

三、施工机械要求

砂和砂石地基施工机具的选用见表 1—10。

表 1-10 砂和砂石地基施工机具

项目	内容
施工机械	推土机、压路机、打夯机等
一般机具	手推车、平头铁锹、喷水用胶管、2 m靠尺、小线或细铁丝、钢尺等

四、施工工艺解析

(1)砂和砂石地基施工操作工艺见表1-11。

表 1-11 砂和砂石地基施工操作工艺

项目	内容
处理地基表面	将地基表面的浮土和杂质清除干净,平整地基,并妥善保护基坑边坡,防止坍土混入砂石垫层中。基坑(槽)附近如有低于基底标高的孔洞、沟、井、墓穴等,应在未填砂石前按设计要求先行处理。对旧河暗沟应妥善处理,旧池塘回填前应将池底浮泥清除
级配砂石	用人工级配砂石,应将砂石拌和均匀,达到设计要求要求,并控制材料含水量
分层铺筑砂石	砂和砂石地基应分层铺设,分层夯压密实。 铺筑砂石的每层厚度,一般为150~250 mm,不宜超过300 mm,分层厚度可用样桩控制。如坑底土质较软弱时,第一分层砂石虚铺厚度可酌情增加,增加厚度不计入垫层设计厚度内。如基底土结构性很强时,在垫层最下层宜先铺设150~200 mm厚松砂,用木夯仔细夯实。 砂和砂石地基底面宜铺设在同一标高上,如深度不同时,搭接处基土面应挖成踏步或斜坡形,施工应按先深后浅的顺序进行。搭接处应注意压实。 分段施工时,接槎处应做成斜坡,每层接槎处的水平距离应错开0.5~1.0 m,应充分压实,并酌情增加质量检查点。 铺筑的砂石应级配均匀,最大石子粒径不得大于铺筑厚度的2/3,且不宜大于50 mm,如发现砂窝或石子成堆现象,应将该处砂子或石子挖出,分别填入级配好的砂石
洒水	铺筑级配砂石在夯实碾压前,应根据其干湿程度和气候条件,适当地洒水以保持砂石的最佳含水量,一般为8%~12%
夯实或碾压	视不同条件,可选用夯实或压实的方法。大面积的砂石垫层,宜采用6~10 t的压路机碾压,边角不到位处可用人力夯或蛙式打夯机夯实。夯实或碾压的遍数根据要求的密实度由现场试验确定。用木夯(落距应保持为400~500 mm),蛙式打夯机时,要一夯压半夯,行行相接,全面夯实,一般不少于3遍。采用压路机往复碾压,一般碾压不少于4遍,其轮距搭接不小于500 mm。边缘和转角处应用人工或蛙式打夯机补夯密实
找平和验收	施工时应分层找平,夯压密实,压实后的干密度按灌砂法测定,也可参照灌砂法用标准砂体积置换法测定。检查结果应满足设计要求的控制值。下层密实度经检验合格后方可进行上层施工。 最后一层夯压密实后,表面应拉线找平,并符合设计规定的标高

（2）砂和砂石地基施工过程中应注意的问题及主要技术文件见表1—12。

表1—12　砂和砂石地基施工过程中应注意的问题及主要技术文件

项目	内容
应注意的问题	（1）回填砂石时，应注意保护好现场轴线桩、标准高程桩，防止碰撞位移，并应经常复测。 （2）地基范围内不应留有孔洞。完工后如无技术措施，不得在影响其稳定的区域内进行挖掘工程。 （3）施工中必须保证边坡稳定，防止边坡坍塌。 （4）夜间施工时，应合理安排施工顺序，配备足够的照明设施；防止级配砂石不准或铺筑超厚。 （5）级配砂石成活后，应连续进行上部施工；否则应适当经常洒水润湿。 （6）大面积下沉：主要是未按质量要求施工，分层铺筑过厚、碾压遍数不够、洒水不足等。要严格执行操作工艺的要求。 （7）局部下沉：边缘和转角处夯打不实，留接槎没按规定搭接和夯实。对边角处的夯打不得遗漏。 （8）级配不良：应配专人及时处理砂窝、石堆等问题，做到砂石级配良好。 （9）在地下水位以下的砂石地基，其最下层的铺筑厚度可适当增加50 mm。 （10）密实度不符合要求：坚持分层检查砂石地基的质量。每层的纯砂检查点的干砂质量密度。必须符合规定，否则不能进行上一层的砂石施工。 （11）砂石垫层厚度不宜小于100 mm；冻结的天然砂石不得使用
主要技术文件	（1）工程地质勘察报告、施工图、图纸会审纪要、设计变更单及材料代用通知单等。 （2）经审定的施工组织设计、施工方案及执行中的变更情况。 （3）原材料出厂合格证、进场检验记录及施工试验报告等资料。 （4）施工记录、隐蔽工程检查记录，包括配合比报告、砂石含泥量测定等

第三节　土工合成材料地基

一、验收条文

土工合成材料地基质量验收标准应符合表1—13的规定。

表1—13　土工合成材料地基质量验收标准

项目	序号	检查项目	允许偏差或允许值		检查方法
			单位	数值	
主控项目	1	土工合成材料强度	%	≤5	置于夹具上做拉伸试验（结果与设计标准相比）

项目	序号	检查项目	允许偏差或允许值		检查方法
			单位	数值	
主控项目	2	土工合成材料延伸率	%	≤3	置于夹具上做拉伸试验(结果与设计标准相比)
	3	地基承载力	设计要求		按规定方法
一般项目	1	土工合成材料搭接长度	mm	≥300	用钢尺量
	2	土石料有机质含量	%	≤5	焙烧法
	3	层面平整度	mm	≤20	用2 m靠尺
	4	每层铺设厚度	mm	±25	水准仪

二、施工材料要求

土工合成材料地基的施工材料要求见表1—14。

表1—14　土工合成材料地基的施工材料要求

项目	内　容
土工合成材料的性能指标	产品形态(材料及制造方法、宽度,每卷的长度及重量)。 物理性质:单位面积质量、厚度、开孔尺寸及均匀性等。 力学性质:抗拉强度、断裂时的伸长率、撕裂强度、冲穿强度、顶破强度、蠕变性与岩土间的摩擦系数等。 水理性质:垂直向和水平向的透水性。 抗老化性,对紫外线和温度的敏感性。 耐腐蚀性,抵抗化学和生物的腐蚀性
进场材料	进场材料按每100 m²为一批,每批各需抽查5%,各项指标复检合格后方准予使用

三、施工机械要求

土工合成材料地基的施工机械要求见表1—15。

表1—15　土工合成材料地基的施工机械要求

项目	内　容
碾压机械	加筋土工程必须用机械碾压;对砂砾石填料,宜选用振动式压路机,边坡1 m范围内宜选用平板振动器或蛙式打夯机
运输车辆	自卸汽车、手推车、翻斗车等运输车辆

续上表

项目	内容
小型工具	平头铁锹、耙子、筛子(孔径 5～10 mm 和 15～20 mm 两种)、小线、钢尺、胶皮管、编织袋
仪器设备	全站仪(经纬仪)、水准仪、填料压实度检测设备和仪器

四、施工工艺解析

(1)土工合成材料地基的操作工艺流程见表 1—16。

表 1—16　土工合成材料地基的操作工艺流程

项目	内容
测量放线	设立专门水准点,测点可采用 φ20 钢筋,植入土体 300～500 mm,以全站仪或经纬仪、水准仪测量其坐标或高程变化。测点布设间距 5～10 m 为宜
加筋材料下料	加筋材料应提前下料,加筋材料尺寸应正确,避免边铺边下料,人为造成的随意性和筋材尺寸误差。 加筋材料的下料长度不得小于设计长度。 为铺设方便,应按每层锚固长度和回折长度之和裁成段,按各层需要的长度(墙长)将几幅拼接缝合在一起,接缝处搭接 100 mm,用细尼龙线双排缝合,缝合后的土工格栅每块绕卷在一根木杆上,以便铺设
加筋材料铺设	(1)加筋材料铺设时,底面应平整、密实。 (2)将土工格栅卷打开,铺放应平顺,松紧适度,并应与土面密贴,不得重叠,不得卷曲、扭结。土工格栅的纵向肋应与坑壁垂直。 (3)加筋材料不得与硬质尖锐棱角的填料直接碰撞,有损坏,应修补或更换。 (4)相邻片(块)可搭接 100 mm;对可能发生位移处应缝接,搭接宽度应适当增大。 (5)加筋材料铺设时,边铺边用填料固定其铺设位置,先用填料在加筋材料的中后部成若干纵列压住加筋材料,填料的多少和疏密以足以固定加筋材料的位置为宜,再逐根检查,拉直、拉紧。 (6)加筋材料的分层铺设厚度应根据加筋材料的强度和铺设要求计算确定
加筋材料铺设质量检查	加筋材料铺设完成后,每层都应进行检查验收。质量检查内容包括加筋材料的铺设长度、宽度、均匀程度、平展度、连接方式、分层厚度等
填料的摊铺压实	(1)填料应分层回填分层碾压。填料可人工摊铺,也可机械摊铺。填料每层虚铺厚度和压实遍数视填料的性质、设计要求的压实系数和使用压实机械的性能而定,一般应通过现场碾压试验确定。无试验依据时可参考表 1—17 选用。 (2)填料摊铺平整后,用振动式压路机低频慢速行驶进行碾压。碾压顺序应从筋带中部开始,然后向筋带尾部,最后再返回墙面部位,轻压后再全面碾压。

续上表

项目	内　容
填料的摊铺压实	（3）压路机无法压实处，用蛙式打夯机或平板夯等小型压实机具压实，一般情况下宜采用人工夯实。 （4）压路机运行方向应平行于基坑，下一次碾压的轮迹应于上一次碾压的轮迹重叠1/3轮宽。第一遍先轻压，使加筋材料的位置在填料中能完全固定，然后再重压。 （5）分层回填压实循环施工直至达到设计标高

表 1—17　填料虚铺厚度和压实遍数参考值

压实机械	分层厚度（mm）	每层压实遍数
平碾	250～300	6～8
振动压实机	250～350	3～4
平板振动器或蛙式打夯机	200～250	3～4

（2）土工合成材料地基施工过程中应注意的问题及主要技术文件见表1—18。

表 1—18　土工合成材料地基施工过程中应注意的问题及主要技术文件

项目	内　容
应注意的问题	（1）施工前应对土工合成材料的物理性能（单位面积的质量、厚度、比重）、强度、延伸率以及土、砂石料等做检验。土工合成材料以100 m² 为一批，每批应抽查5%。所用土工合成材料的品种与性能和填料土类，应根据工程特性和地基土条件，通过现场试验确定，垫层材料宜用黏性土、中砂、粗砂、砾砂、碎石等内摩阻力高的材料。如工程要求垫层排水，垫层材料应具有良好的透水性。 （2）土工合成材料如用缝接法或胶接法连接，应保证主要受力方向的连接强度不低于所采用材料的抗拉强度。铺设土工合成材料时，土层表面应均匀平整，防止土工合成材料被刺穿、顶破。铺设时端头应固定或回折锚固，且避免长时间曝晒或暴露，连结宜用搭接法、缝接法和胶结法。搭接法的搭接长度宜为300～1 000 mm，基底较软者应选取较大的搭接长度。当采用胶结法时，搭接长度不应小于100 mm，并均应保证主要受力方向的连结强度不低于所采用材料的抗拉强度
主要技术文件	（1）施工图、图纸会审纪要、设计变更单及材料代用通知单等。 （2）经审定的施工组织设计、施工方案及执行中的变更情况。 （3）合成材料的物理性能的检验报告。 （4）原材料出场合格证、进场检验、施工试验报告等资料。 （5）施工记录、隐蔽工程检查记录

第四节 粉煤灰地基

一、验收条文

粉煤灰地基质量验收标准应符合表1—19的规定。

表1—19 粉煤灰地基质量验收标准

项目	序号	检查项目	允许偏差或允许值		检查方法
			单位	数值	
主控项目	1	压实系数	设计要求		现场实测
	2	地基承载力	设计要求		按规定方法
一般项目	1	粉煤灰粒径	mm	0.001～2.000	过筛
	2	氧化铝及二氧化硅含量	%	≥70	试验室化学分析
	3	烧失量	%	≤12	试验室烧结法
	4	每层铺筑厚度	mm	±50	水准仪
	5	含水量(与最优含水量比较)	%	±2	取样后试验室确定

二、施工材料要求

粉煤灰地基施工材料的要求见表1—20。

表1—20 粉煤灰地基施工材料的要求

项目	内 容
粉煤灰的物理特性	由电厂煤粉炉烟道气体中收集的粉末称为粉煤灰。粉煤灰是灰色或灰白色的粉状物,含碳量大的粉煤灰呈灰黑色,当含水量较高时,呈一种无可塑性的膏状物。粉煤灰颗粒多半呈玻璃状态,多孔结构,具有较大的内表面积。其主要物理性质:密度与化学成分相关,低钙灰的密度一般为 1 800～2 800 kg/m³,高钙灰密度可达 2 500～2 800 kg/m³;其松散干密度为 600～1 000 kg/m³,压实密度为 1 300～1 600 kg/m³;空隙率一般为 60%～75%;细度一般为 40 μm,方孔筛筛余量 10%～20%,比表面积为 2 000～4 000 cm²/g
粉煤灰的选用原则	(1)粉煤灰可选用湿排灰、调湿灰和干排灰,且不得含有植物、垃圾和有机物杂质。 (2)粉煤灰选用时应使硅铝化合物含量越高越好。 (3)粉煤灰粒径应控制在 0.001～2.0 mm 之间。 (4)粉煤灰含水量应控制在 31%±4% 范围内,且还应防止被污染。 (5)粉煤灰烧失量不应大于 12%。 (6)现场测试时,压实系数 λ_c 为 0.90～0.95 时,承载力可达到 120～200 MPa,$\lambda_c>0.95$ 时可抗地震液化

三、施工工艺解析

(1)粉煤灰地基施工工艺。

1)铺设前应先验槽,清除地基底面垃圾杂物。

2)粉煤灰铺设含水量应控制在最佳含水量(ω_{op}±2%)范围内;如含水量过大时,需摊铺沥干后再碾压。粉煤灰铺设后,应于当天压完;如压实时含水量过低,呈松散状态,则应洒水湿润再碾压密实,洒水的水质不得含有油质,pH值应为6~9。

3)垫层应分层铺设与碾压。分层厚变、压实遍数等施工参数应根据机具种类、功能大小、设计要求通过实验确定,铺设厚度用机动夯为200~300 mm,夯完后厚度为150~200 mm;用压路机铺设厚度为300~400 mm,压实后为250 mm左右。对小面积基坑、槽垫层,可用人工分层摊铺,用平板振动器和蛙式打夯机压实,每次振(夯)板应重叠1/3~1/2板,往复压实由二侧或四周向中间进行,夯实不少于3遍。大面积垫层应用推土机摊铺,先用推土机预压2遍,然后用8 t压路机碾压,施工时压轮重叠1/3~1/2轮宽,往复碾压,一般碾压4~6遍。

4)粉煤灰垫层在地下水位施工时须先采取排水降水措施,不能在饱和状态或浸水状态下施工,更不能用水沉法施工。

5)在软弱地基上填筑粉煤灰垫层时,应先铺设20 cm的中、粗砂或高炉干渣,以免下卧软土层表面受到扰动,同时有利于下卧的软土层的排水固结,并切断毛细水的上升。

6)夯实或碾压时,如出现"橡皮土"现象,应暂停压实,可采取将垫层开槽、翻松、晾晒或换灰等方法处理。

7)每层铺完经检测合格后,应及时铺筑上层,以防干燥、松散、起尘、污染环境,并应严格将延伸率对比小于或等于3%为合格。

(2)粉煤灰地基施工过程中应注意的问题及主要技术文件见表1-21。

表1-21　粉煤灰地基施工过程中应注意的问题及主要技术文件

项目	内　容
应注意的问题	(1)粉煤灰遇水强度降低,选择的地基场地须将含水量控制在一定范围。 (2)地下水位过高时,须降低地下水位。 (3)粉煤灰分段施工时,不得在墙角、柱基及承重窗间墙下接槎。当粉煤灰垫层基础标高不同时,应做成阶梯形,上下层的接槎距离不得小于500 mm。接槎的槎子应直切齐。 (4)冬、雨期施工:雨、冬期不宜做粉煤灰土工程,否则应制定严格的雨期、冬期施工措施。 1)基坑(槽)或管沟地基应连续进行,尽快完成。施工中应防止地面水流入槽坑内,以免边坡塌方或基土遭到破坏。 2)应采取防雨或排水措施,刚打完毕或尚未夯实的粉煤灰,如遭雨淋浸泡,将受浸湿的粉煤灰晾干后,再夯打密实。 3)原料中不得有冻块,要做到随筛、随拌、随打、随盖,认真执行留、接槎和分层夯实的规定。气温在0℃以下时不宜施工,否则应采取冬期施工措施

 第一章　地基工程

续上表

项目	内　容
主要技术文件	(1)工程地质勘察报告、施工图、图纸会审纪要、设计变更单及材料代用通知单等。 (2)经审定的施工组织设计、施工方案及执行中的变更情况。 (3)粉煤灰材料中氧化铝和二氧化硅含量的检测报告。 (4)原材料合格证、进场检验报告、施工试验报告等资料。 (5)施工记录、隐蔽工程检查记录

第五节　强夯地基

一、验收条文

强夯地基质量验收标准应符合表1—22的规定。

表1—22　强夯地基质量验收标准

项目	序号	检查项目	允许偏差或允许值		检查方法
			单位	数值	
主控项目	1	地基强度	设计要求		按规定方法
	2	地基承载力	设计要求		按规定方法
一般项目	1	夯锤落距	mm	±300	钢索设标志
	2	锤重	kg	±100	称重
	3	夯击遍数及顺序	设计要求		计数法
	4	夯点间距	mm	±500	用钢尺量
	5	夯击范围(超出基础范围距离)	设计要求		用钢尺量
	6	前后两遍间歇时间	设计要求		—

二、施工材料要求

强夯地基施工材料要求见表1—23。

表1—23　强夯地基施工材料要求

项目	内　容
回填土料	应选用不含有机质、含水量较小的黏质粉土、粉土或粉质黏土
其他材料	柴油、机油、齿轮油、液压油、钢丝绳、电焊条等耗材均应符合机械使用要求

三、施工机械要求

强夯地基施工机械的要求见表1-24。

表1-24　强夯地基施工机械的要求

项目	内　　容
夯锤	用钢板作外壳,内部焊接钢筋骨架后浇筑C30混凝土,如图1-1所示;或用钢板做成装配式夯锤,如图1-2所示。夯锤底面有圆形和方形两种,圆形不易旋转,定位方便,稳定性好,采用较多。锤底面积宜按土的性质和锤重确定,锤底静压力值可取25～40 kPa;对于粗颗粒土(砂质土和碎石类土)选用较大值,一般锤底面积为3～4 m²;对于细颗粒土(黏性土或淤泥质土)宜取较小值,锤底面积不宜小于6 m²。一般10 t夯锤底面积用4.5 m²,15 t夯锤用6 m²较适宜。锤重一般有8 t、10 t、12 t、16 t、25 t。夯锤中宜设1～4个直径250～300 mm上下贯通的排气孔,以利空气迅速排出,减小起锤时锤底与土面间形成真空产生的强吸附力和夯锤下落时的空气阻力,以保证夯击能的有效作用
起重设备	由于履带式起重机重心低,稳定性好,移动方便,故大多采用履带式起重机(带摩擦离合器)作业,常用起重能力为15 t、20 t、25 t、30 t、50 t,应满足起重量和提升高度的要求。 履带式起重机按其传动方式的不同,可分为机械式、液压式、电动式3种。其中机械式的已逐渐被液压式的代替;电动式的不适用于需要经常转移作业场地的建筑施工。履带式起重机主要技术性能见表1-25
脱钩装置	采用履带式起重机做强夯起重设备,常用的脱钩装置一般是自制的自动脱钩器。脱钩器由耳板、销环、吊环等组成,如图1-3所示,由钢板焊接制成。要求有足够的强度、使用灵活、脱钩快速、安全可靠
锚系装置	当用起重机起吊夯锤时,为防止在夯锤突然脱钩时发生起重臂后倾和减小臂杆振动,一般应用一台T₁-100型推土机设在起重机的前方地锚,在起重机臂杆的顶部与推土机之间用两根钢丝绳锚系,钢丝绳与地面的夹角不大于30°。推土机还可用于夯完后的表土推平、压实等辅助工作。推土机的技术性能参见机械挖土
其他机具	(1)电焊机:AX-320等型号。 (2)经纬仪:J2等型号,按规定定期检定。 (3)水准仪:DS3等型号,按规定定期检定。 (4)塔尺:5 m等型号。 (5)钢卷尺:30 m或50 m等

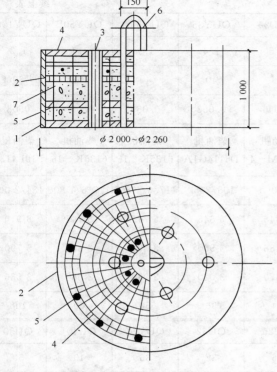

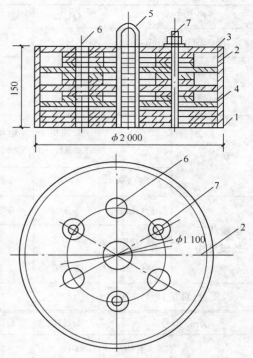

图1—1 混凝土夯锤(单位:mm)

(圆柱形重12 t;方形重8 t)

1—30 mm厚钢板底板;2—18 mm厚钢板外壳;3—6×
φ159钢管;4—水平钢筋网片,φ16@200;5—钢筋骨
架,φ14@400;6—φ50吊环;7—C30混凝土

图1—2 装配式钢夯锤(单位:mm)

(可组合成6 t、8 t、10 t、12 t)

1—3、50 mm厚钢板底盘;2—15 mm厚钢板外
壳;330 mm厚钢板顶板;4—中间块(50 mm厚钢
板);5—φ50吊环;6—φ200排气孔;7—M48螺栓

表1—25 履带式起重机主要技术性能表

产品型号		QU20	QUD20	QUY35	QUY50A	QUY50B	QUY100
最大起重量(t)	主钩	20	20	36	50	50	100
	副钩	2.3	2.3	—	—	—	—
起升高度(m)	主臂	11~27.8	11~27.8	12~42	15~52	15~52	20~69
	副臂						
臂长(m)	主臂	12~30	12~30	10~40	13~52	13~52	16~70
	副臂	5	5	6.1~15.25	6.1~15.25	6.1~15.25	19~18
起升速度(m/min)		23.4：46.8	23.4：46.8	30	35~70	35~50	30~60
回转速度(r/min)		4.6	4.6	3.7	2.7	3.0	2.2
变幅范围(m)		4~21.3	4~21.3	3.5~30	3.5~46	3.5~46	—

续上表

产品型号		QU20	QUD20	QUY35	QUY50A	QUY50B	QUY100
行走速度（km/h）		1.5	1.5	1.4	1.1	1.1	1.2
爬坡能力（%）		36	36	40	40	40	30
接地比压（MPa）		0.096	0.096	0.053	0.069	0.069	0.08
动力	型号	柴油机 6135AK—1	电动机 Y280M—4	柴油机 D6114G1A	柴油机 6135K—16	柴油机 6135K—16	柴油机 F10L413F
	功率（kW）	110	90	105/2150	117.6/1 800	117.6/1 800	184/2 000
运输状态 外形尺寸	长（mm）	5 348	5 348	6 345	6 745	6 745	8 910
	宽（mm）	3 488	3 488	3 960	3 300	3 300	5 790
	高（mm）	4 370	4 370	3 020	3 080	3 080	3 536
质量（自重）（t）		44.5	44	36	50	60	108
产品型号		QU16	QU25	QU32	QU32A	QU40J	QU50
最大起重量（t）	主钩	16	26	32	36	40	50
	副钩	—	3	3	3	3	3
起升高度（m）	主臂	21	26	26	29	31.5	37.5
	副臂	—	30	30	33	36.2	40.5
臂长（m）	主臂	13~23	13~28	10~28	10~31	10~34	13~46
	副臂	—	4	4	4	6.2	6.2
起升速度（m/min）		15.9~ 23.85	11.98~ 23.85	7.95~ 23.85	7.95~ 23.85	5.96~ 23.85	6~ 24
回转速度（r/min）		4.6	4.6	4.6	4.6	4.6	3.3
变幅范围（m）		—	—	—	—	—	—
行走速度（km/h）		1.5	1.5	1.5	1.26	1.5	1.26
爬行能力（%）		36	36	36	30	30	30
接地比压（MPa）		0.096	0.087	0.103	0.091	0.086	0.072

续上表

产品型号		QU16	QU25	QU32	QU32A	QU40J	QU50
动力	型号	柴油机 6135AK-1	柴油机 6135AK-1	柴油机 6135AK-1	柴油机 6135AK-1	柴油机 6135AK-1	柴油机 6135AZKs-2
	功率(kW)	110	110	110	110	110	147
运输状态外形尺寸	长(mm)	5 303	5 713	5 713	6 073	6 073	6 223
	宽(mm)	3 200	3 500	3 500	3 875	4 000	4 300
	高(mm)	3 425	3 920	3 920	3 920	3 554	5 670
质量 （自重)(t)		41.2	47.9	48	51.3	49	57

产品型号		KH180-3	KH700-2	QUY12-2	QU25	W200A	W200A
最大起重量(t)	主钩	50	150	12	25	50	50
	副钩	—	—	—	3	5	5
起升高度(m)	主臂	9~50	20~79.8	16.45	28	12~36	13~36
	副臂	—	—	—	32.3	40	6
臂长(m)	主臂	13~52	18~81	9.15~16.15	13~30	15;30;40	15;30;40
	副臂	6.1~15.25	13~31	9.15~16.15	—	6	6
起升速度(m/min)		35~70	30~60	—	50.8	2.94~30	2.94~30
回转速度(r/min)		3.1	1~2	3.2	4.7	0.97~3.97	0.97~3.97
变幅范围(m)		3.5~46	5~60	3.8~15.5	0.36;1.46	0.36;1.46	—
行走速度(km/h)		1.5	0.5~1.0	3.8	1.5	0.36;1.46	0.36;1.46
爬行能力(%)		40	30	40	36	31	31
接地比压(MPa)		0.061	0.093	0.261 5	0.082	0.123	0.123
动力	型号	柴油机 PD604	柴油机 15UZU 12PB1	柴油机 6BT5.9-C	柴油机 6135AK-1	柴油机 12V135D	柴油机 JR-116-4
	功率(kW)	110	184/2 000	104/2 100	110	176	155
运输状态外形尺寸	长(mm)	7 000	43 910	11 800	6 105	7 000	7 000
	宽(mm)	3 300~4 300	6 450	3 350	2 555	4 000	4 000
	高(mm)	3 100	3 775	3 100	5 327	6 300	6 300
质量 （自重)(t)		46.9	150.6	49.5	41.3	79	79

产品型号		CC600	CC1000	CC2000	QUY35	QUY50
最大起重量(t)	主钩	140	200	300	35	50
	副钩	—	—	—	—	—

续上表

产品型号		CC600	CC1000	CC2000	QUY35	QUY50
起升高度(m)	主臂	105	110	130	39.39	51.21
	副臂	—	—	—	—	—
臂长(m)	主臂	106	12～66	12～78	10～40	13～52
	副臂	106	12～48	18～54	9.15～15.25	9.15～15.25
起升速度(m/min)		104	93	252	0～110	0.68
回转速度(r/min)		2	1.58	1.1	2.3	2
变幅范围(m)		4～50	6～50	6～70	7～34	8～40
行走速度(km/h)		1.5	1.4	1.4	1.34	1.1
爬行能力(%)		—	—	—	34	34
接地比压(MPa)		0.078	0.093	0.096	0.058	0.069
动力	型号	柴油机	柴油机	柴油机	柴油机	柴油机
	功率(kW)	196	235	335	117.6	117.6
运输状态外形尺寸	长(mm)	10 175	11 400	11 960	6 440	6 440
	宽(mm)	5 400	6 250	6 900	4 300	4 300
	高(mm)	3 600	3 608	3 850	2 997	2 997
质量(自重)(t)		130	188	272	40	50

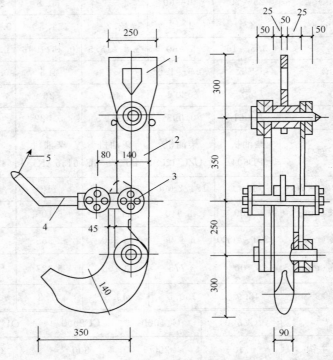

图1—3　强夯自动脱钩器(单位:mm)

1—吊环;2—耳板;3—销环轴辊;4—销柄;5—拉绳

四、施工工艺解析

（1）强夯地基施工工艺见表1—26。

表1—26　强夯地基施工工艺

项目	内容
单点夯试验	（1）在施工场地附近或场地内，选择具有代表性的适当位置进行单点夯试验。试验点数量根据工程需要确定，一般不少于2点。 （2）根据夯锤直径，用白灰画出试验中心点位置及夯击圆界限。 （3）在夯击试验点界限外两侧，以试验中心点为原点，对称等间距埋设标高施测基准桩，基准桩埋设在同一直线上，直线通过试验中心点，基准桩间距一般为1 m，基准桩埋设数量视单点夯影响范围而定。 （4）在远离试验点，（夯击影响区外）架设水准仪，进行各观测点的水准测量，并做记录。 （5）平稳起吊夯锤至设计要求夯击高度，释放夯锤自由平稳落下。 （6）用水准仪对基准桩及夯锤顶部进行水准高程测量，并做好试验记录。 （7）重复以上第（5）、第（6）两步骤至试验要求夯击次数
施工参数确定	在完成各单点夯试验施工及检测后，综合分析施工检测数据，确定强夯施工参数，包括：夯击高度、单点夯击次数、点夯施工遍数及满夯夯击能量、夯击次数、夯点搭接范围、满夯遍数等。 根据单点夯试验资料及强夯施工参数，对处理场地整体夯沉量进行估算，根据建筑设计基础埋深，计算确定需要回填土数量。 必要时，应通过强夯小区试验，来确定强夯施工参数
测高程、放点	对强夯施工场地地面进行高程测量。根据第一遍点夯施工图，以夯击点中心为圆心，以夯锤直径为圆直径，用白灰画圆，分别画出每一个夯点
起重机就位	夯击机械就位，提起夯锤离开地面，调整吊机使夯锤中心与夯击点中心一致，固定起吊机械。 提起夯锤至要求高度，释放夯锤平稳自由落下进行夯击
测量夯前锤顶标高	用标尺测量夯锤顶面标高
点夯施工	点夯夯击完成后，转移起吊机械与夯锤至下一夯击点，进行强夯施工
填平夯坑并测量高程	第一遍点夯结束后，将夯击坑用回填土或用推土机把整个场地推平。测量推平后的场地标高
第二遍点夯放点	根据第二遍点夯施工图进行夯点施放。
第二遍点夯施工	（1）进行第二遍点夯施工。 （2）按设计要求可进行3遍以上的点夯施工

续上表

项目	内容
满夯施工	(1)点夯施工全部结束,平整场地并测量场地水准高程后,可进行满夯施工。 (2)满夯施工应根据满夯施工图进行并遵循由点到线,由线到面的原则。 (3)按设计要求的夯击能量、夯击次数、遍数及夯坑搭接方式进行满夯施工
施工间隔时间控制	不同遍数施工之间需要控制的施工间隔时间应根据地质条件、地下水条件、气候条件等因素由设计人员提出,一般宜为3~7 d
季节施工	雨期施工,应做好气象信息收集工作;夯坑应及时回填夯平,避免坑内积水渗入地下影响强夯效果;夯坑内一旦积水,应及时排出;场地因降水浸泡,应增加消散期,严重时,采用换土再夯等措施。 冬期施工,表层冻土较薄时,施工可不予考虑,当冻土较厚时首先应将冻土击碎或将冻层挖除,然后再按各点规定的夯击数施工,在第一遍及第二遍夯完整平后宜在5 d后进行下一遍施工

(2)强夯地基施工过程中应注意的问题及主要技术文件见表1—27。

表1—27　强夯地基施工过程中应注意的问题及主要技术文件

项目	内容
应注意的问题	(1)强夯施工宜采用带有自动脱钩装置的履带式起重机或其他专用设备。采用履带式起重机时,可在臂杆端部设置辅助门架或采取其他安全措施,防止落锤时机架倾覆。当地下水位较高,夯坑底积水影响施工时,宜采用人工降低地下水位或铺填一定厚度的松散性材料。夯坑内或场地积水应及时排除。强夯施工前,应查明场地范围内的地下构筑物和各种地下管线的位置及标高等,并采取必要的措施,以免因强夯施工而造成损坏。当强夯施工所产生的振动,对邻近的建筑物或设备产生有害的影响时,应采取防振或隔振措施。影响范围约为10~15 m。 (2)强夯施工过程中应有专人负责下列监测工作: 1)开夯前应检查夯锤重和落距,以确保单击夯击能量符合设计要求; 2)在每遍夯击前,应对夯点放线进行复核,夯完后检查夯坑位置,发现偏差或漏夯应及时纠正; 3)按设计要求检查每个夯点的夯击次数和每击的夯沉量。 (3)施工过程中应对各项参数及施工情况进行详细记录。 (4)强夯施工结束后应间隔一定时间方能对地基质量进行检验。对于碎石土和砂土地基,其间隔时间可取1~2周;低饱和度的粉土和黏性土地基可取2~4周
主要技术文件	(1)工程地质勘察报告、施工图、图纸会审纪要、设计变更单及材料代用通知单等。 (2)经审定的施工组织设计、施工方案及执行中的变更通知单。 (3)施工试验报告(包括土工试验、现场大压板载荷试验等)。 (4)施工记录、隐蔽工程检查记录(夯击遍数记录等)

第六节 注 浆 地 基

一、验收条文

(1)注浆地基的质量验收标准应符合表1—28的规定。

表1—28 注浆地基质量验收标准

项目	序号	检查项目			允许偏差或允许值		检查方法
					单位	数值	
主控项目	1	原材料检验	水泥		设计要求		查产品合格证书或抽样送检
			注浆用砂	粒径	mm	＜2.5	试验室试验
				细度模数	—	＜2.0	
				含泥量及有机物含量	%	＜3	
			注浆用黏土	塑性指数		＞14	试验室试验
				黏粒含量	%	＞25	
				含砂量	%	＜5	
				有机物含量	%	＜3	
			粉煤灰	细度	不粗于同时使用的水泥		试验室试验
				烧失量	%	＜3	
			水玻璃	模数	2.5～3.3		抽样送检
			其他化学浆液		设计要求		查产品合格证书或抽样送检
	2	注浆体强度			设计要求		取样检验
	3	地基承载力			设计要求		按规定方法
一般项目	1	各种注浆材料称量误差			%	＜3	抽查
	2	注浆孔位			mm	±20	用钢尺量
	3	注浆孔深			mm	±100	量测注浆管长度
	4	注浆压力(与设计参数比)			—	±10	检查压力表读数

（2）常用浆液类型见表1—29。

表 1—29　常用浆液类型

浆　　液		浆 液 类 型
粒状浆液（悬液）	不稳定粒状浆液	水泥浆
		水泥砂浆
	稳定粒状浆液	黏土浆
		水泥黏土浆
化学浆液（溶液）	无机浆液	硅酸盐
	有机浆液	环氧树脂类
		甲基丙烯酸酯类
		丙烯酰胺类
		木质素类
		其他

二、施工材料要求

常用浆液的特点及性能见表1—30。

表 1—30　常用浆液的特点及其性能

项目	内　　容
特点	（1）浆液应是真溶液而不是悬浊液，浆液黏度低，流动性好，能进入细小裂隙。 （2）浆液凝胶时间可从几秒至几小时范围内随意调节，并能准确地控制，浆液一经发生凝胶就在瞬间完成。 （3）在常温常压下，长期存放不改变性质，不发生任何化学反应。 （4）对环境不污染，对人体无害，属非易爆物品
性能	（1）浆液对注浆设备、管路、混凝土结构物、橡胶制品等无腐蚀性，并容易清洗。 （2）浆液固化时无收缩现象，固化后与岩石、混凝土等有一定黏接性。 （3）浆液结石体有一定抗压和抗拉强度，不龟裂，抗渗性能和防冲刷性能好。 （4）结石体耐老化性能好，能长期耐酸、碱、盐、生物细菌等腐蚀，且不受温度和湿度的影响

三、施工工艺解析

（1）注浆地基施工操作工艺及要求见表1—31。

表 1—31 注浆地基施工操作工艺及要求

项目		内 容
操作工艺		(1)根据设计要求制订施工技术方案,选定送注浆管下沉的铝机型号及性能、压送浆液压浆泵的性能(必须附有自动计量装置和压力表)、规定注浆孔施工程序、规定材料检验取样方法和浆液拌制的控制程序、注浆过程所需的记录等。 (2)连接注浆管的连接件与注浆管同直径,防止注浆管周边与土体之间有间隙而产生冒浆。 (3)储浆桶中应有防沉淀的搅拌叶片。 (4)每天检查配制浆液的计量装置正确性,配制浆液的主要性能指标。 (5)如实记录注浆孔位的顺序、注浆压力、注浆体积、冒浆情况及突发事故处理等。 (6)为确保注浆加固地基的效果,施工前应进行室内浆液配比试验及现场注浆试验,以确定浆液配方及施工参数。 (7)对化学注浆加固的施工顺序宜按以下规定进行: 1)加固渗透系数相同的土层应自上而下进行。 2)如土的渗透系数随深度而增大,应自下而上进行。 3)如相邻土层的土质不同,应首先加固渗透系数大的土层。 检查时,如发现施工顺序与此有异,应及时制止,以确保工程质量
施工要求	注浆的目的	(1)防渗:降低渗透性,减少渗流量,提高抗渗能力,降低孔隙压力。 (2)堵漏:截断渗透水流。 (3)加固:提高岩土的力学强度和变形模量,恢复混凝土结构及水工建筑物的整体性。 (4)纠正建筑物偏斜:使已发生不均匀沉降的建筑物恢复原位
	单管注浆的质量控制要点	(1)单、管注浆(或花管注浆)施工必须根据设计要求并考虑周围环境条件进行。施工前,设计单位应向施工单位提交注浆设计文件并负责技术交底,注浆设计文件一般应包括下列资料:注浆工程设计图和设计说明书、注浆区的工程地质和水文地质资料、加固地区及附近的建筑物地下管线位置图、注浆质量要求及检验标准。 (2)施工单位应对设计文件、地质情况和施工条件等进行实地了解和研究,制定施工措施和计划。如发现设计情况与实际情况有出入时,应提请设计单位修改。 (3)单管注浆法施工的场地事先应予平整,并沿钻孔位置开挖沟槽与集水坑,以保持场地的整洁干燥。 (4)单管注浆工程系隐蔽工程,对其施工情况必须如实和准确地记录,且应对资料及时进行整理分析,以便于指导工程的顺利进行,并为验收工作作好准备。记录的内容有:钻孔记录、注浆记录、浆液试块测试报告、浆液性能现场测试报告。 (5)单管注浆法施工可按下列步骤进行:钻机与灌浆设备就位;钻孔;插入注浆花管进行注浆;注浆完毕后,应用清水冲洗残留浆液,以利下次再行重复注浆。 (6)注浆孔的钻孔宜用旋转式机械,孔径一般为70～110 mm,垂直偏差应小于1%,注浆孔有设计角度时,应预先调节钻杆角度,此时机械必须用足够的锚栓等特别牢固地固定。 (7)注浆开始前应充分做好准备工作,包括机械器具、仪表、管路、注浆材料、水和电等的检查及必要的试验,注浆一经开始即应连续进行,避免中断。

项目		内　　容
施工要求	单管注浆的质量控制要点	(8)注浆的流量一般为 7～10 L/s,对充填型灌浆,流量可适当加快,但也不宜大于20 L/s。 (9)注浆使用的原材料及制成的浆体应符合下列要求: 1)制成浆体应能在适宜的时间内凝固成具有一定强度的结石,其本身的防渗性和耐久性应能满足设计要求; 2)浆体在硬结时其体积不应有较大的收缩; 3)所制成的浆体短时间内不应发生离析现象
	注浆效果的检查方法	(1)统计计算浆量,对注浆效果进行判断。 (2)静力触探测试加固前后土体强度指标的变化,以确定加固效果。 (3)抽水试验测定加固土的渗透系数。 (4)钻孔弹性波试验测定加固土体的动弹性模量和剪切模量。 (5)标准贯入试验测定加固土体的力学性能。 (6)电探法或放射性同位素测定浆液的注入范围

(2)注浆地基施工应注意的问题及主要技术文件见表1—32。

表 1—32　注浆地基施工应注意的问题及主要技术文件

项目	内　　容
应注意的问题	(1)施工前应掌握有关技术文件(注浆点位置、浆液配比、施工技术参数、检测要求等)。浆液组成材料的性能应符合设计要求,注浆设备应确保正常运转。为确保注浆加固地基的效果,施工前应进行室内浆液配比试验及现场注浆试验,以确定浆液配方及施工参数。 (2)施工中应经常抽查浆液的配比及主要性能指标、注浆的顺序、注浆过程中的压力控制等。对化学注浆加固的施工顺序宜按以下规定进行: 1)加固渗透系数相同的土层应自上而下进行; 2)如土的渗透系数随深度而增大,应自下而上进行; 3)如相邻土层的土质不同,应首先加固渗透系数大的土层。 检查时,如发现施工顺序与此有异,应及时制止,以确保工程质量。 (3)施工结束后,应检查注浆体强度、承载力等。检查孔数为总量的 2%～5%,不合格率大于或等于 20%时应进行二次注浆。检验应在注浆后 15 d(砂土、黄土)或 60 d(黏性土)进行
主要技术文件	(1)工程地质勘察报告、水文地质资料、施工图、图纸会审纪要、设计变更单及材料代用通知单等。 (2)经审定的施工组织设计、施工方案及执行中的变更情况。 (3)室内浆液配比试验及现场注浆试验。 (4)原材料复试报告、施工试验报告等资料。 (5)施工记录、隐蔽工程检查记录(包括钻孔记录、注浆记录等)

第七节 预压地基

一、验收条文

预压地基和塑料排水带质量验收标准应符合表1-33的规定。

表 1-33 预压地基和塑料排水带质量验收标准

项目	序号	检查项目	允许偏差或允许值		检查方法
			单位	数值	
主控项目	1	预压载荷	%	≤2	水准仪
	2	固结度(与设计要求比)	%	≤2	根据设计要求采用不同的方法
	3	承载力或其他性能指标	设计要求		按规定方法
一般项目	1	沉降速率(与控制值比)	%	±10	水准仪
	2	砂井或塑料排水带位置	mm	±100	用钢尺量
	3	砂井或塑料排水带插入深度	mm	±200	插入时用经纬仪检查
	4	插入塑料排水带时的回带长度	mm	≤500	用钢尺量
	5	塑料排水带或砂井高出砂垫层距离	mm	≥200	用钢尺量
	6	插入塑料排水带的回带根数	%	<5	目测

注:如真空预压,主控项目中预压载荷的检查为真空度降低值小于2%。

二、施工材料要求

预压地基的施工材料要求见表1-34。

表 1—34　预压地基的施工材料要求

项　目	内　容
竖向排水体材料	(1)普通砂井。中、粗砂，含泥量不大于 3%。 (2)袋装砂井。装砂袋编织材料，要求有良好的透水、透气性，一定的耐腐蚀、抗老化性能，装砂不易漏失，应有足够的抗拉强度，能承受袋内装砂自重和弯曲产生的拉力。一般选用聚丙烯编织布、玻璃丝纤维布、黄麻布和再生布等。 (3)打设砂井孔的钢管内径宜略大于砂井直径，以减少施工过程中对地基土的扰动。 (4)塑料排水板。要求滤网膜渗透性好，与黏土接触后，滤网膜渗透系数不低于中粗砂，排水沟槽输水畅通，不因受土压力作用而减小。不同型号塑料排水带厚度见表 1—35，塑料排水带的性能见表 1—36，根据插入深度选用排水带型号见表 1—36 的表注
真空预压密封膜	采用抗老化性能好、韧性好和抗穿刺能力强的不透气材料
堆载材料	一般以散料为主，如土、砂、石子、砖和石块等；大型油罐、水池地基，以充水对地基实施预压

表 1—35　不同型号塑料排水带的厚度　　　　　　　　（单位：mm）

型号	A	B	C	D
厚度	>3.5	>4.0	>4.5	>6

表 1—36　塑料排水带的性能

项　目		单　位	A 型	B 型	C 型	条　件
纵向通水量		cm³/s	≥15	≥25	≥40	侧压力
滤膜渗透系数		cm/s		≥5×10⁻⁴		试件在水中浸泡 24 h
滤膜等效孔径		μm		<75		以 D_{98} 计，D 为孔径
复合体抗拉强度（干态）		kN/10 cm	≥1.0	≥1.3	≥1.5	延伸率 10% 时
滤膜抗拉强度	干态	N/cm	≥15	≥25	≥30	延伸率 10% 时
	湿态		≥10	≥20	≥25	延伸率 15% 时，试件在水中浸泡 24 h
滤膜重度		N/m²	—	0.8	—	

注：A 型排水带适用于插入深度小于 15 m，B 型排水带适用于插入深度小于 25 m，C 型排水带适用于插入深度小于 35 m。

三、施工工艺解析

(1)堆载预压地基的施工工艺见表1—37。

表 1—37　堆载预压地基的施工工艺

项目		内　　容
设计要求	排水竖井要求	(1)排水竖井分为普通砂井、袋装砂井和塑料排水带。普通砂井直径可取 300～500 mm，袋装砂井直径可取 70～120 mm。塑料排水带排水带的当量换算直径可按下式进行计算： $$d_p = \frac{2(b + \delta)}{\pi} \qquad (1-1)$$ 式中　d_p——塑料排水带当量换算直径(mm)； 　　　b——塑料排水带宽度(mm)； 　　　δ——塑料排水带厚度(mm)。 (2)排水竖井的平面布置可采用等边三角形或正方形排列。竖井的有效排水直径 d_e 与间距 l 的关系为： 　　　等边三角形排列 $d_e = 1.05l$ 　　　正方形排列 $d_e = 1.13l$ (3)排水竖井的间距可根据地基土的固结特性和预定时间内所要求达到的固结度确定。设计时，竖井的间距可按井径 n 比选用($n = d_e/d_w$，d_w 为竖井直径，对塑料排水带可取 $d_w = d_p$)。塑料排水带或袋装砂井的间距可按 $n = 15～22$ 选用，普通砂井的间距可按 $n = 6～8$ 选用。 (4)排水竖井的深度应根据建筑物对地基的稳定性、变形要求和工期确定。 1)对以地基抗滑稳定性控制的工程，竖井深度至少应超过最危险滑动面 2.0 m。 2)对变形控制的建筑，竖井深度应根据在限定的预压时间内需完成的变形量确定。竖井宜穿透受压土层
	确定加载的数量、范围、速率和预压时间	(1)加载数量。预压荷载的大小，应根据设计要求确定，通常可与建筑物的基底压力大小相同。对于沉降有严格限制的建筑，应采用超载预压法处理地基，超载数量应根据预定时间内要求消除的变形量通过计算确定，并宜使预压荷载下受压土层各点的有效竖向压力等于或大于建筑荷载所引起的相应点的附加压力。 (2)加载范围。加载的范围不应小于建筑物基础外缘所包围的范围，以保证建筑物范围内的地基得到均匀加固。 (3)加载速率。加载速率应根据地基土的强度确定。当天然地基土的强度满足预压荷载下地基的稳定性要求时，可一次性加载，否则应分级逐渐加载，待前期预压荷载下地基土的强度增长满足下一级荷载下地基的稳定性要求时方可加载
	砂井施工	砂井施工应保持砂井连续和密实，并且不出现缩径现象；尽量减小对周围土的扰动；砂井的长度、直径和间距应满足设计要求。砂井施工一般先在地基中成孔，再在孔内灌砂形成砂井。表 1—38 为砂井成孔和灌砂方法。选用时应尽量选用对周围土扰动小且施工效率高的方法。

项目	内 容
砂井施工	砂井施工一般先在地基中成孔,再在孔内灌砂形成砂井。砂井的灌砂量,应按井孔的体积和砂在中密时的干密度计算,其实际灌砂量不得小于计算值的 95%。灌入砂袋的砂宜用干砂,并应灌制密实,砂袋放入孔内至少应高出孔口 200 mm,以便埋入砂垫层中。砂井成孔施工方法见表 1—39。 　　砂井成孔的典型方法有套管法、射水法、螺旋钻成孔法和爆破法,但各种成孔方法必须保证砂井的施工质量以防缩径、断桩或错位现象
袋装砂井施工	袋装砂井是用具有一定伸缩性和抗拉强度很高的聚丙烯或聚乙烯编织袋装满砂子。砂袋中的砂用洁净的中砂,砂袋的直径、长度和间距,应根据工程对固结时间的要求、工程地质情况等通过固结理论计算确定。袋装砂井常用的直径为 70 mm,其长度主要取决于软土层的排水固结效果,而排水固结效果与固结压力的大小成正比。 　　至于袋装砂井的间距,固结理论计算表明,缩短间距比增大井径对加速固结更为有效,即细而密的方案比粗而疏的方案效果好。当然砂井亦不能过细、过密,否则难以施工,也会扰动周围的土体。当袋装砂井的直径为 70 mm 时,井径比为 15～25,效果都是比较理想的。 　　袋装砂井的施工过程如图 1—4 所示。首先用振动贯入法、锤击打入法或静力压入法将成孔用的无缝钢管作为套管埋入土层,到达规定标高后放入砂袋,然后拔出套管,再于地表面铺设排水砂层即可。用振动打桩机成孔时,一个长 20 m 的孔约需 20～30 s,完成一个袋装砂井的全套工序,亦只需 6～8 min,施工十分简便。 　　袋装砂井施工:袋装砂井是普通砂井的改良和发展。为确保质量,在袋装砂井施工中,应注意以下几个问题: 　　(1)定位要准确,砂井垂直度要好; 　　(2)砂料含泥量要小,这对于小断面的砂井尤为重要,因为直径小,长细比大的砂井,井阻效应较为显著,一般含泥量要求小于 3%; 　　(3)袋中砂宜用风干砂,不宜采用潮湿砂,以免袋内砂干燥后,体积减小,造成袋装砂井缩短与排水垫层不搭接等质量事故; 　　(4)聚丙烯编织袋,在施工时应避免太阳光长时间直接照射; 　　(5)砂袋入口处的导管口应装设滚轮,避免砂袋被挂破漏砂; 　　(6)施工中要经常检查桩尖与导管口的密封情况,避免导管内进泥过多,影响加固深度; 　　(7)确定袋装砂井施工长度时,应考虑袋内砂体积减小,袋装砂井在孔内的弯曲、超深以及伸入水平排水垫层内的长度等因素,避免砂井全部深入孔内,造成与砂垫层不连接
塑料排水带施工	(1)插板机械。用于插设塑料排水带的插板机种类较多,性能不一。从国外资料分析,有专门厂商生产,也有自行设计制造的或采用挖掘机、起重机和打桩机改造的;从机型分有轨道式、轮胎式、链条式和步履式等多种。 　　(2)塑料排水带管靴与桩尖。管靴一般有圆形和矩形两种。由于它们截面不同,所以桩尖也各异,桩尖是用来防止在打设塑料带过程中,淤泥进入导管,并且对塑料带起锚定作用圆形桩尖,如图 1—5 所示;倒梯形桩尖,如图 1—6 所示。 　　(3)塑料排水带打设工艺。定位需将塑料带通过导管从管靴中拔出。调整塑料带与桩尖→插入塑料带→拔管剪断塑料带。

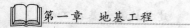

项目	内 容
塑料排水带施工	（4）塑料排水带的施工： 1）塑料带滤水膜在转盘和打设过程中应避免损坏；防止淤泥进入带芯堵塞输水孔，影响塑料带的排水效果。 2）塑料带与桩尖连接要牢固，避免提管时脱开，将塑料带拔出。 3）桩尖平端与导管靴配合要适当，避免错缝，防止淤泥在打设过程中进入导管，增大对塑料带的阻力，甚至将塑料带拔出。 4）严格控制间距和深度，如塑料带拔起 2 m 以上者应补打。 5）塑料带需接长时，为减小带与导管阻力，应采用滤水膜内平搭接的连接方法，为保证输水畅通并有足够的搭接强度，搭接长度需在 200 mm 以上
堆载预压施工注意事项	堆载面积要足够。堆载的顶面积不小于建筑物底面积。堆载的底面积也应适当扩大，以保证建筑物范围内的地基得到均匀加固。 堆载要求严格控制加荷速率，保证在各级荷载下地基的稳定性，同时要避免部分堆载过高而引起地基的局部破坏。 对超软黏性土地基，荷载的大小、施工工艺更要精心设计，以避免对土的扰动和破坏

表 1－38　砂井成孔和灌砂方法

类型	成孔方法		灌砂方法	
使用套管	管端封闭	冲击打入	用压缩空气	静力提拔套管
		振动打入		振动提拔套管
		静力压入	用饱和砂	静力提拔套管
	管端敞口	射水排土	浸水自然下沉	静力提拔套管
		螺旋钻排土		
不使用套管	旋转、射水		用饱和砂	
	冲击、射水			

表 1－39　砂井成孔施工方法

施工方法	内 容
振动沉管法	振动沉管法，是以振动锤为动力，将套管沉到预定深度，灌砂后振动、提管形成砂井。采用该法施工不仅避免了管内砂随管带上，保证砂井的连续性，同时砂受到振密，砂井质量较好
射水法	射水法是指利用高压水通过射水管形成高速水流的冲击和环刀的机械切削，使土体破坏，并形成一定直径和深度的砂井孔，然后灌砂而成砂井。 射水成孔工艺，对土质较好且均匀的黏性土地基是较适用的，但对土质很软的淤泥，因成孔和灌砂过程中容易缩孔，很难保证砂井的直径和连续性；对夹有粉砂薄层的软土地基，若压力控制不严，易在冲水成孔时出现串孔，对地基扰动较大。 射水法成井的设备比较简单，对土的扰动较小，但在泥浆排放、塌孔、缩颈、串孔、灌砂等方面都还存在一定的问题

续上表

施工方法	内　　容
螺旋钻成孔法	螺旋钻成孔法是用动力螺旋钻钻孔，属于干钻法施工，提钻后孔内灌砂成形。此法适用于陆上工程、砂井长度在 19 m 以内，土质较好，不会出现缩颈和塌孔现象的软弱地基。此法在美国应用较广泛，该工艺所用设备简单而机动，成孔比较规整，但灌砂质量较难掌握，对很软弱的地基也不太适用

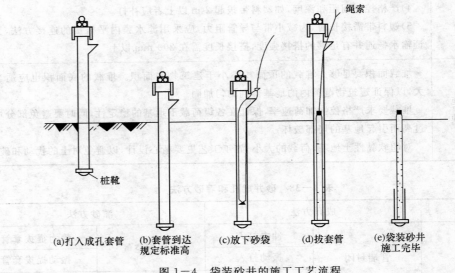

(a)打入成孔套管　(b)套管到达　(c)放下砂袋　(d)拔套管　(e)袋装砂井
　　　　　　　规定标准高　　　　　　　　　　　　　　施工完毕

图 1-4　袋装砂井的施工工艺流程

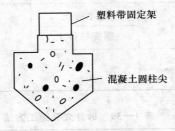

图 1-5　混凝土圆形桩尖

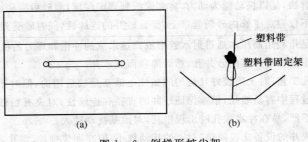

(a)　　　　　　　　　(b)

图 1-6　倒梯形桩尖架

(2)真空预压地基的施工工艺见表1—40。

表1—40 真空预压地基的施工工艺

项目		内 容
设计要求		(1)真空预压法处理地基必须设置排水竖井。设计内容包括：竖井断面尺寸、间距、排列方式和深度的选择；预压区面积和分块大小；真空预压工艺；要求达到的真空度和土层的固结度；真空预压和建筑物荷载下地基的变形计算；真空预压后地基土的强度增长计算等。
		(2)排水竖井的间距可按表1—44的相关内容选用。砂井的砂料应选用中粗砂，其渗透系数应大于1×10^{-2} cm/s。
		(3)真空预压区边缘应大于建筑物基础轮廓线，每边增加量不得小于3.0 m。每块预压面积宜尽可能大且呈方形。
		(4)真空预压的膜下真空度应稳定地保持在650 mmHg以上，且应均匀分布，竖井深度范围内土层的平均固结度应大于90%。
		(5)当建筑物的荷载超过真空预压的压力，且建筑物对地基变形有严格要求时，可采用真空—堆载联合预压法，其总压力宜超过建筑物的荷载。
		(6)对于表层存在良好的透气层或在处理范围内有充足水源补给的透水层时，应采取有效措施隔断透气层或透水层。
		(7)真空预压所需抽真空设备的数量，可按加固面积的大小和形状、土层结构特点，以一套设备可抽真空的面积为1 000~1 500 m²确定。
		(8)真空预压地基最终竖向变形可按《建筑地基处理技术规范》(JGJ 79—2002)的规定进行计算，其中可取0.8~0.9，真空—堆载联合预压法以真空预压为主时，ξ可取0.9
施工工艺	设置排水通道	在软基表面铺设砂垫层和在土体中埋设袋装砂井或塑料排水带，其施工工艺参见加载预压法施工
	铺设膜下管道	真空滤水管一般设在排水砂垫中，其上宜有厚100~200 mm砂覆盖层。滤水管可采用钢管或塑料管，滤水管在预压过程中应能适应地基的变形。滤水管外宜围绕铅丝、外包尼龙纱或土工织物等滤水材料。水平向分布滤水管可采用条状、梳齿状或羽毛状等形式，如图1—7和图1—8所示
	铺设密封膜	(1)密封膜应采用抗老化性能好、韧性好、抗穿刺能力强的不透气材料，如线性聚乙烯等专用薄膜。
		(2)密封膜热合时宜采用两条热合缝的平搭接，搭接长度应大于15 mm。在热合时，应根据密封膜材料、厚度，选择合适的热合温度、刀的压力和热合时间，使热合缝粘结牢而不熔。
		(3)密封膜铺设。由于密封膜系大面积施工，有可能出现局部热合不好、搭接不够等问题，影响膜的密封性。为确保真空预压全过程的密封性，密封膜宜铺设3层，覆盖膜周边可采用挖沟折铺、平铺并用黏土压边，围墙沟内覆水以及膜上全面覆水等方法进行密封。当处理区内有充足水源补给的透水层时，尽管在膜周边采取了上述措施，但在加固区内仍存在不密封因素，应采用封闭式板桩墙、封闭式板桩墙加沟内覆水或其他密封措施隔断透水层

续上表

项目		内　容
施工工艺	抽气设备及管路连接	(1)真空预压的抽气设备宜采用射流真空泵。在应用射流真空泵时,要随时注意泵的运转情况及其真空效率。一般情况下主要检查离心泵射水量是否充足。真空泵的设置应根据预压面积大小、真空泵效率以及工程经验确定,但每块预压区内至少应设置两台真空泵。 (2)真空管路的连接点应严格进行密封,以保证密封膜的气密性。由于射流真空泵的结构特点,射流真空泵经管路进入密封膜内,形成连接密封,但系敞开系统,真空泵工作时,膜内真空度很高,一旦由于某种原因,射流泵全部停止工作,膜内真空度随之全部卸除,这将直接影响地基加固效果,并延长预压时间。为避免膜内真空度在停泵后很快降低,在真空管路中应设置止回阀和截门

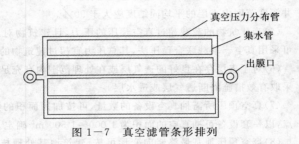

图 1—7　真空滤管条形排列

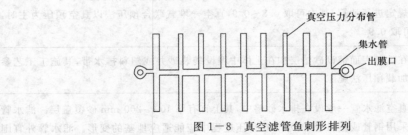

图 1—8　真空滤管鱼刺形排列

(3)堆载预压法及真空预压法施工要求见表 1—41。

表 1—41　堆载预压法及真空预压法施工要求

项目	内　容
堆载预压法施工要求	(1)水平排水垫层施工时,应避免对软土表层的过大扰动,以免造成砂和淤泥混合,影响垫层的排水效果。另外,在铺设砂垫层前,应清除干净砂井顶面的淤泥或其他杂质,以利砂井排水。 (2)对于预压软土地基,因软土固结系数较小,软土层较厚时,达到工作要求的固结度需要较长时间,为此,对软土预压应设置排水通道,排水通道的长度和间距宜通过试压试验确定。 (3)砂井的灌砂量,应按井孔的体积和砂在中密时的干密度计算,其实际灌砂量不得小于计算值的 95%。灌入砂袋的砂宜用干砂,并应灌制密实,砂袋放入孔内至少应高出孔口 200 mm,以便埋入砂垫层中。

项目	内　容
堆载预压法 施工要求	（4）袋装砂井施工所用钢管内径宜略大于砂井直径，以减小施工过程中对地基土的扰动。袋装砂井或塑料排水带施工时，平面井距偏差应不大于井径，垂直度偏差宜小于1.5%。拔管后带上砂袋或塑料排水带的长度不宜超过 500 mm。 （5）塑料带滤水膜在转盘和打设过程中应避免损坏，防止淤泥进入带芯堵塞输水孔而影响塑料带的排水效果。塑料带与桩尖的连接要牢固，避免提管时脱开将塑料带拔出。桩尖平端与导管靴配合要适当，避免错缝，防止淤泥在打设过程中进入导管，增大对塑料带的阻力，甚至将塑料带拔出。塑料带需接长时，为减少带与导管阻力，应采用滤水膜内平搭接的连接方式。为保证输水畅通并有足够的搭接强度，搭接长度宜大于200 mm。 （6）堆载预压过程中，堆在地基上的荷载不得超过地基的极限荷载，避免地基失稳破坏，应根据土质情况制订加荷方案，如需要施加大荷载时，应分级加载，并注意控制每级加载重量的大小和加荷速率，使之与地基的承载力增长相互适应，等待地基在前一级荷载作用下，达到一定固结度后，再施加下一级荷载，特别是在加荷后期，更要严格控制加荷速率，防止因整体或局部加载量过大、过快而使地基土发生剪切破坏。一般堆载预压控制指标是：地基最大下沉量不宜超过 15 mm/d，水平位置不宜大于 7 mm/d，孔隙水压力不超过预压荷载所产生应力的 60%。通常加载在 60 kPa 之前，加荷速度可不加限制。 （7）预压时间应根据建筑物的要求和固结情况来确定，一般达到如下条件即可卸荷： 1）地面总沉降量达到预压荷载下计算最终沉降量的 80% 以上； 2）理论计算的地基总固结度达 80% 以上； 3）地基沉降速度已降到 0.5～1.0 mm/d
真空预压法 施工要求	（1）真空预压的抽气设备宜采用射流真空泵，真空泵的设置应根据预压面积大小、真空泵效率以及工程经验确定，但每块预压区至少应设置两台真空泵。 （2）真空管路的连接点应严格进行密封，为避免膜内真空度在停泵后很快降低，在真空管路中应设置止回阀和截门。水平向分布滤水管可采用条状、梳齿状或羽毛状等形式。滤水管一般设在排水砂垫层中，其上宜有 100～200 mm 砂覆盖层。滤水管可采用钢管或塑料管，滤水管在预压过程中应能适应地基的变形。滤水管外宜围绕铅丝、外包尼龙纱或土工织物等滤水材料。 （3）密封膜热合粘结时宜用两条膜的热合粘结缝平搭接，搭接宽度应大于 15 mm（如图1—9）。 （4）密封膜宜设 3 层，覆盖膜周边可采用挖沟折铺、平铺用黏土压边、围埝沟内覆水和膜上全面覆水等方法密封（图1—10）。 （5）当地区有充足水源补给透水层时，应采用封闭式板桩墙、封闭式板桩墙加沟内覆水或其他密封措施隔断透水层。 （6）真空预压的真空度可一次抽至最大，当连续 5 d 实测沉降小于每天 2 mm、固结度大于或等于 80% 或符合设计要求时，可以停止抽气。 （7）铺密封膜前，拣除贝壳及带尖角石子，填平打砂井、袋装砂井、塑料排水带时留下的孔洞，清理平整砂垫层。密封膜要认真检查，并及时补洞后再密封。

项目	内　容
真空预压法施工要求	(8)当用真空—堆载联合加固时,应先按真空加固的要求抽气,真空度稳定后再将所需的堆载加上,堆载的膜上要铺放一层编织布保护密封膜,加载后继续抽气至设计要求后停止抽气

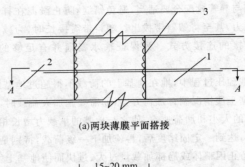

(a)两块薄膜平面搭接

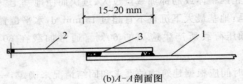

(b)A—A剖面图

图1—9　两块薄膜密合示意图

1—第一块薄膜;2—搭接上的第二块薄膜;3—两块薄膜热合两条缝

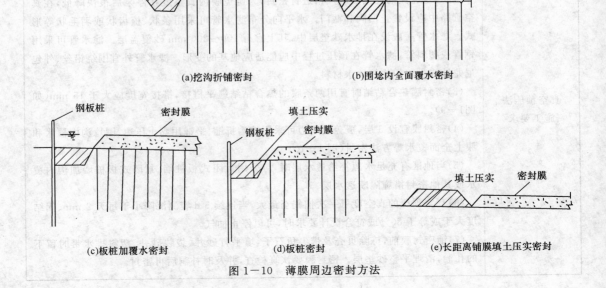

图1—10　薄膜周边密封方法

（4）预压地基的质量验收见表1-42。

表1-42　预压地基的质量验收

项目		内　　容
验收分类		预压法分为加载预压法和真空预压法两类,适用于处理淤泥质土、淤泥和冲填土等饱和黏性土地基。对预压法处理地基应预先通过勘察查明土层在水平和竖直方向的分布和变化、透水层的位置及水源补给条件等。勘察孔间距一般为15～25 m。应通过土工试验确定土的固结系数、孔隙比和固结压力关系、三轴试验抗剪强度以及原位十字板抗剪强度等
质量控制要点	加载预压法	预压法处理地基必须在地表铺设排水砂垫层,其厚度宜大于400 mm。砂垫层砂料宜用中粗砂,含泥量应小于5%,砂料中可混有少量粒径小于50 mm的石粒。砂垫层的干密度应大于1.5 t/m³。在预压区内宜设置与砂垫层相连的排水盲沟,并把地基中排出的水引出预压区。砂井的砂料宜用中粗砂,含泥量应小于3%。砂井的灌砂量应按井孔的体积和砂在中密时的干密度计算,其实际灌砂量不得小于计算值的95%。灌入砂袋的砂宜用干砂,并应灌制密实,砂袋放入孔内至少应高出孔口200 mm,以便埋入砂垫层中。袋装砂井施工所用钢管内径宜略大于砂井直径,以减小施工过程中对地基土的扰动
	真空预压法	真空预压法处理地基必须设置砂井或塑料排水带。设计内容包括:砂井或塑料排水带的直径、间距、排列方式和深度的选择;预压区面积和分块大小;要求达到的膜下真空度和土层的固结度;真空预压和建筑荷载下地基的变形计算;真空预压后地基土的强度增长计算等

（5）预压地基施工应注意的问题及主要技术文件见表1-43。

表1-43　预压地基施工应注意的问题及主要技术文件

项目	内　　容
应注意的问题	（1）施工前应检查施工监测措施,沉降、孔隙水压力等原始数据,排水设施,砂井(包括袋装砂井)、塑料排水带等位置。软土的固结系数较小,当土层较厚时,达到工作要求的固结度需时较长,为此,对软土预压应设置排水通道,其长度及间距宜通过试压确定。 （2）堆载施工应检查堆载高度、沉降速率。真空预压施工应检查密封膜的密封性能、真空表读数等。堆载预压,必须分级堆载,以确保预压效果并避免坍滑事故。一般每天沉降位移控制在10～15 mm,边桩位移控制在每日4～7 mm。孔隙水压力增量不超过预压荷载增量60%,以这些参考指标控制堆载速率。真空预压的真空度可一次抽气至最大,当连续5 d实测沉降小于每天2 mm或固结度大于或等于80%或符合设计要求时,可停止抽气。 （3）施工结束后,应检查地基土的强度及要求达到的其他物理力学指标,重要建筑物地基应做承载力检验。一般工程在预压结束后,做十字板剪切强度或标贯、静力触探试验即可,但重要建筑物地基应做承载力检验。如设计有明确规定应按设计要求进行检验

续上表

项目	内　　容
主要技术文件	(1)工程地质勘察报告、施工图、图纸会审纪要、设计变更单及材料代用通知单等。 (2)经审定的施工组织设计、施工方案及执行中的变更情况。 (3)地基承载力检测报告。 (4)原材料复试报告、施工十字板抗剪强度试验报告等资料。 (5)施工记录、隐蔽工程检查记录(包括竖向变形记录、地基稳定性分析记录等)

第八节　振冲地基

一、验收条文

振冲地基质量验收标准应符合表1—44的规定。

表1—44　振冲地基质量验收标准

项目	序号	检查项目		允许偏差或允许值		检查方法
				单位	数值	
主控项目	1	填实粒径		设计要求		抽样检查
	2	功率30 kW振冲器	密实电流(黏性土)	A	50～55	电流表读数
			密实电流(砂性土或粉土)	A	40～50	电流表读数
		密实电流(其他类型振冲器)		A_0	1.5～2.0	电流表读数,A_0为空振电流
	3	地基承载力		设计要求		按规定方法
一般项目	1	填料含泥量		%	＜5	抽样检查
	2	振冲器喷水中心与孔径中心偏差		mm	≤50	用钢尺量
	3	成孔中心与设计孔位中心偏差		mm	≤100	用钢尺量
	4	桩体直径		mm	＜50	用钢尺量
	5	孔深		mm	±200	量钻杆或重锤测

二、施工材料要求

振冲地基施工材料的要求见表1—45。

表 1—45　振冲地基施工材料的要求

项目	内　　容
填料的选用	填料可用粗砂、中砂、砾砂、碎石、卵石、角砾和圆砾等,粒径为 5～50 mm
粗集料的粒径	粗集料粒径以 20～50 mm 较合适,最大粒径不宜大于 80 mm,含泥量不宜大于 5%,不得选用风化或半风化的石料

三、施工机械要求

振冲地基施工主要机具有:振冲器、起重机、水泵、控制电流操作台、150 A 电流表、500 V 电压表、供水管道及加料设备等。

四、施工工艺解析

(1)振冲地基工艺流程见表 1—46。

表 1—46　振冲地基工艺流程

项目	内　　容
桩机定位	桩机就位时,必须保持平稳,不发生倾斜、移位。为准确控制造孔深度,应在桩架上或桩管上作出控制的标尺,以便在施工中进行观测、记录
造孔	振冲器对准桩位,偏差应小于 50 mm。先开启高压水泵,振冲器端口出水后,再启动振冲器待运转正常后开始造孔。 造孔过程中振冲器应处于悬垂状态,要求振冲器下放速度小于或等于振冲贯入土层速度。 造孔速度取决于地基土质条件和振冲类型及造孔水压等,造孔速度宜为 0.5～2.0 m/min。 造孔水压大小视振冲器贯入速度和地基土冲刷情况而定。一般 0.2～0.8 MPa,造孔水压大即水量大,返出泥砂多,水压小,返出泥土少,在不影响造孔速度情况下,水压宜小
造孔至设计深度	造孔深度控制,造孔深度可以小于设计桩深 300 mm,这是为了防止高压水对处理深度以下地基土的冲击。 在此造孔深度填料,振冲器带着填料向下贯入到设计深度,并开始加密,减少水冲对下卧地基土的影响,即成桩深度与设计桩身相一致。对于软淤泥、松散粉砂、砂质粉土、粉灰灰等易被水冲破坏的土,初始造孔深度可小于设计深度 300 mm 以上,但开始加密深度必须达到设计深度。 当造孔时振冲器出现上下颤动或电流大于电机额定电流可终止造孔,此时造孔深度未达到设计深度应与设计研究部门解决
清孔	造孔后边提升振冲器边冲水直至孔口,再放至孔底,重复两三次扩大孔径,并使孔内泥浆变稀,振冲孔顺直通畅,以利填料加密

项目	内　　容
填料	(1)连续填料:在制桩过程中振冲器留在孔内,连续向孔内填料直至充满振冲孔。一般适用于机械作业。 (2)间断填料:填料时将振冲器提出孔口,倒入一定量填料,每次填料厚度一般不宜大于 500 mm,再将振冲器放入孔内振捣填料。一般可适用于 8 m 以内孔深。 (3)强迫填料:利用振冲器的自重和振动力将上部的填料输送到孔下部需填料的位置。一般适用于大功率振冲器施工
填料量控制	加密过程中按每延米填入填料数量控制。这种控制标准缺陷在于,由于孔内土质不同,强度不同,相同填料可能造成沿孔深不同土层存在填料"不足"或"富余"情况,加密情况不甚理想。该控制方法可在施工中参考使用或复核填料量使用
电流控制	电流控制是指振冲器的电流达到设计确定的加密电流值。设计确定的加密电流是振冲器空载电流加某一增量电流值。在施工中由于不同振冲器的空载电流有差值,加密电流应作相应调整。30 kW 振冲器加密电流宜为 45~60 A,75 kW 振冲器宜为 70~100 A
控制留振时间	加密电流、留振时间和加密段长度综合指标法:采用这三种指标作为加密控制标准可使加密质量更具保证。加密效果与加密电流值大小有关,也与达到该电流值的维持时间长短有关,留振时间即是保证达到加密电流值延续的时间。在相同加密电流和留振时间条件下,加密段长度大小对加密效果起着关键作用,加密段长度短效果好,加密段长度大效果差。留振时间宜为 5~15 s,加密段长度宜为 200~500 mm,加密水压宜为 0.1~0.5 MPa
控制加密段长度	采用加密电流、留振时间和加密段长度作为加密控制标准,填料数量作为参考标准,但填料数量过小,特别对于以置换性质为主的加固,若填料数量与设计要求相差较大,应同设计共同分析研究填料量大小对地基加固质量影响,当确定影响加固效果时应及时调整加密技术参数,确保施工质量
桩顶标高控制	为保证桩头密实,宜在槽底标高以上预留 200~500 mm 厚土层,碎石桩施工宜达到设计桩顶标高以上 200~500 mm
关闭高压水泵	加密结束,应先关闭振冲器,后关闭高压水泵

(2)振冲地基施工质量验收见表 1—47。

表 1—47　振冲地基施工质量验收

项目	内　　容
分类	振冲法分为振冲置换法和振冲密实法两类。振冲置换法适用于处理不排水,且抗剪强度不小于 20 kPa 的黏性土、粉土、饱和黄土和人工填土等地基。振冲密实法适用于处理砂土和粉土等地基。不加填料的振冲密实法仅适用于处理黏粒含量小于 10% 的粗砂、中砂地基。对大型的、重要的或场地复杂的工程,在正式施工前应在有代表性的场地上进行试验

续上表

项　目	内　　容
振冲置换法	处理范围应根据建筑物的重要性和场地条件确定，通常都大于基底面积。对一般地基，在基础外缘宜扩大 1～2 排桩；对可液化地基，在基础外缘应扩大 2～4 排桩。桩位布置，对大面积满堂处理，宜用等边三角形布置；对独立或条形基础，宜用正方形、矩形或等腰三角形布置。桩的间距应根据荷载大小和原土的抗剪强度确定，可用 1.5～2.5 m。荷载大或原土强度低时，宜取较小的间距；反之，宜取较大的间距。对桩端未达相对硬层的短桩，应取小间距。桩长的确定，当相对硬层的埋藏深度不大时，应按相对硬层埋藏深度确定；当相对硬层的埋藏度较大时，应按建筑物地基的变形允许值确定。桩长不宜短于 4 m。在可液化的地基中，桩长应按要求的抗震处理深度确定。在桩顶部应铺设一层 200～500 mm 厚的碎石垫层。升降振冲器的机具可用起重机、自行井架式施工平车或其他合适的机具设备
振冲密实法	处理范围应大于建筑物基础范围，在建筑物基础外缘每边放宽不得小于 5 m。当可液化土层不厚时，振冲深度应穿透整个可液化土层；当可液化土层较厚时，振冲深度应按要求的抗震处理深度确定。振冲点宜按等边三角形或正方形布置。间距与土的颗粒组成、要求达到的密实程度、地下水位、振冲器功率和水量等有关，应通过现场试验确定，可取 1.8～2.5 m。每一振冲点所需的填料量随地基土要求达到的密实程度和振冲点间距而定，应通过现场试验确定，填料宜用碎石、卵石、角砾、圆砾、砾砂、粗砂和中砂等硬质材料

（3）振冲地基施工应注意的问题及主要技术文件见表 1－48。

表 1－48　振冲地基施工应注意的问题及主要技术文件

项　目	内　　容
应注意的问题	(1)施工前应检查振冲器的性能、电流表和电压表的准确度及填料的性能。 　　为确切掌握好填料量、密实电流和留振时间，使各段桩体都符合规定的要求，应通过现场试成桩确定这些施工参数。填料应选择不溶于地下水或不受侵蚀影响且本身无侵蚀性和性能稳定的硬粒料。对粒径控制的目的，确保振冲效果及效率。粒径过大，在边振边填过程中难以落入孔内；粒径过细小，在孔中沉入速度太慢，不易振密。 　　(2)施工中应检查密实电流、供水压力、供水量、填料量、孔底留振时间、振冲点位置和振冲器施工参数等(施工参数由振冲试验或设计确定)。 　　振冲置换造孔的方法有排孔法，即由一端开始到另一端结束；跳打法，即每排孔施工时隔一孔造一孔，反复进行；帷幕法，即先造外围 2～3 圈孔，再造内圈孔，此时可隔一圈造一圈或依次向中心区推进。振冲施工必须防止漏孔，因此要做好孔位编号并施工复查工作。 　　(3)检查振冲施工和各项施工记录，如有遗漏或不符合规定要求的桩或振冲点，应补做或采取有效的补救措施
主要技术文件	(1)工程地质勘察报告、施工图、图纸会审纪要、设计变更单及材料代用通知单等。 　　(2)经审定的施工组织设计、施工方案及执行中的变更情况。

续上表

项目	内　　容
主要技术文件	（3）地基强度或地基承载力检测报告。 （4）填料复试报告、振冲试验报告等资料。 （5）施工记录、隐蔽工程检查记录，包括供水压力、供水量、填料量、孔底留振时间及振冲点位置等

第九节　高压喷射注浆地基

一、验收条文

（1）高压喷射注浆地基质量验收标准应符合表1—49的规定。

表1—49　高压喷射注浆地基质量验收标准

项目	序号	检查项目	允许偏差或允许值		检查方法
			单位	数值	
主控项目	1	水泥及外掺剂质量	符合出厂要求		查产品合格证书或抽样送检
	2	水泥用量	设计要求		查看流量表及水泥浆水灰比
	3	桩体强度或完整性检验	设计要求		按规定方法
	4	地基承载力	设计要求		按规定方法
一般项目	1	钻孔位置	mm	≤50	用钢尺量
	2	钻孔垂直度	%	≤1.5	经纬仪测钻杆或实测
	3	孔深	mm	±200	用钢尺量
	4	注浆压力	按设定参数指标		查看压力表
	5	桩体搭接	mm	>200	用钢尺量
	6	桩体直径	mm	≤50	开挖后用钢尺量
	7	桩身中心允许偏差	—	≤0.2D	开挖后桩顶下500 mm处用钢尺量，D为桩径

（2）高压喷射注浆工艺宜用普遍硅酸盐工艺，强度等级不得低于32.5，水泥用量、压力宜通过试验确定，如无条件可参考表1—50。

表 1—50 1 m 桩长喷射桩水泥用量表

桩径(mm)	桩长(m)	强度为 32.5 级普通硅酸盐水泥单位用量	喷射施工方法		
			单管	二重管	三重管
φ600	1	kg/m	200～250	200～250	—
φ800	1	kg/m	300～350	300～350	—
φ900	1	kg/m	350～400(新)	350～400	—
φ1 000	1	kg/m	400～450(新)	400～450(新)	700～800
φ1 200	1	kg/m	—	500～600(新)	800～900
φ1 400	1	kg/m	—	700～800(新)	900～1 000

注:"新"系指采用高压水泥浆泵,压力为 36～40 MPa,流量为 80～110 L/min 的新单管法和二重管法。

二、施工材料要求

(1)一般采用强度等级不低于 42.5 级的普通硅酸盐水泥,不得使用过期或有结块水泥。

(2)宜用自来水或无污染自然水。

(3)抗离析外加剂采用陶土或膨润粉。

(4)水灰比为 0.7～1.0 比较适宜。

三、施工工艺解析

(1)高压喷射注浆地基施工技术参数见表 1—51。

表 1—51 高压喷射注浆地基施工技术参数

项目	内 容
旋喷直径	通常应根据估计直径来选用喷射注浆的种类和喷射方式,对于大型的或重要的工程,估计直径应在现场通过试验确定。在无试验资料的情况下,对小型的或不太重要的工程,可根据经验选用表 1—52 所列数值,可采用矩形或梅花形布桩形式
旋喷桩强度	旋喷桩的强度,应通过现场试验确定,当无现场试验资料时,也可参照相似土质条件下其他喷射工程的经验。喷射固结体有较高的强度,外形凹凸不平,因此有较大的承载力,固结体直径越大,承载力越高
地基承载力	(1)竖向承载旋喷桩复合地基承载力特征值应通过现场复合地基载荷试验确定。初步设计时,也可按下式估算: $$f_{\mathrm{spk}} = m\frac{R_{\mathrm{a}}}{A_{\mathrm{p}}} + \beta(1-m)f_{\mathrm{sk}} \qquad (1-2)$$

项　目	内　　　容
地基承载力	式中　f_{spk}——复合地基承载力特征值(kPa); 　　　　m——面积置换率; 　　　　R_a——单桩竖向承载力特征值(kN); 　　　　A_p——桩的截面积(m^2); 　　　　β——桩间土承载力折减系数,宜按地区经验取值,如无经验时可取0.75~0.95,天然地基承载力较高时取大值; 　　　　f_{sk}——处理后桩间土承载力特征值(kPa),宜按当地经验取值,如无经验时,可取天然地基承载力特征值。 　　(2)单桩竖向承载力特征值可通过现场单桩载荷试验确定。也可按式(1—3)和式(1—4)估算,取其中较小值: $$R_a = \eta f_{cu} A_p \qquad (1-3)$$ $$R_a = u_p \sum_{i=1}^{n} q_{si} l_i + q_p A_p \qquad (1-4)$$ 式中　f_{cu}——与旋喷桩桩身水泥土配比相同的室内加固土试块(边长为70.7 mm的立方体)在标准养护条件下28 d龄期的立方体抗压强度平均值(kPa); 　　　　η——桩身强度折减系数,可取0.33; 　　　　n——桩长范围内所划分的土层数; 　　　　l_i——桩周第i层土的厚度(m); 　　　　q_{si}——桩周第i层土的侧阻力特征值(kPa),可按现行国家标准《建筑地基基础设计规范》(GB 50007—2011)有关规定或地区经验确定。 　　　　q_p——桩端地基土未经修正的承载力特征值(kPa),可按现行国家标准《建筑地基基础设计规范》(GB 50007—2011)有关规定或地区经验确定。 　　(3)当旋喷桩处理范围以下存在软弱下卧层时,应按现行国家标准《建筑地基基础设计规范》(GB 50007—2011)的有关规定进行下卧层承载力验算。 　　(4)竖向承载旋喷桩复合地基宜在基础和桩顶之间设置褥垫层。褥垫层厚度可取200~300 mm,其材料可选用中砂、粗砂、级配砂石等,最大粒径不宜大于30 mm。 　　(5)竖向承载旋喷桩的平面布置可根据上部结构和基础特点确定。独立基础下的桩数一般不应少于4根。 　　(6)桩长范围内复合土层以及下卧层地基变形值应按现行国家标准《建筑地基基础设计规范》(GB 50007—2011)有关规定计算,其中,复合上层的压缩模量可根据地区经验确定
旋喷桩复合地基变形计算	旋喷桩复合地基的变形计算应为桩长范围内复合土层以及下卧层地基变形值之和,计算时应按国家标准《建筑地基基础设计规范》(GB 50007—2011)的有关规定进行计算,其中复合土层的压缩模量可按下式确定: $$E_{sp} = \frac{E_s(A_e - A_P) + E_P A_P}{A_e} \qquad (1-5)$$ 式中　E_{sp}——旋喷桩复合地基土层的压缩模量(kPa); 　　　　E_s——桩间土的压缩模量(kPa),可用天然地基土的压缩模量代替; 　　　　E_p——桩的压缩模量(kPa),可采用测定混凝土割线模量的方法确定

表 1—52 旋喷桩的平均直径 （单位：m）

土质 \ 方法		单管法	二重管法	三重管法
黏性土	0<N<5	0.5~0.8	0.8~1.2	1.2~1.8
	6<N<10	0.4~0.7	0.7~1.1	1.0~1.6
	11<N<20	0.3~0.5	0.6~0.9	0.7~1.2
砂性土	2<N<10	0.6~1.0	1.0~1.5	1.5~2.0
	11<N<20	0.5~0.8	0.9~1.3	1.2~1.8
	21<N<30	0.4~0.6	0.8~1.2	0.9~1.5

注：N 值为标准贯入值。

（2）高压喷射注浆地基施工工艺见表 1—53。

表 1—53 高压喷射注浆地基施工工艺

项目	内 容
喷射深层长桩	喷射注浆施工地基，主要是第四纪冲积层，由于天然地基的地层土质情况沿着深度变化较大，土质种类、密实程度和地下水状态等一般都有明显的差异，在这种情况下，喷射深层长桩形成固结体时，若只采用单一的固定喷射参数，势必形成直径不均的上部较粗下部较细的固结体，将严重影响喷射固结体的承载或抗渗作用。因此，对喷射深层长桩，应按地质剖面图及地下水等资料，在不同深度，针对不同地层土质情况，选用合适的喷射参数，才能获得均匀密实的长桩。对深层硬土，可采用增加压力和流量或适当降低旋转和提升速度等方法
重复喷射	对土体进行第一次喷射时，喷射流冲击对象为破坏原状结构土，若在原位进行第二次喷射时，则喷射流冲击对象已变成为浆土混合液，冲击破坏所遇到的阻力较第一次喷射时小。因此，在一般情况下，重复喷射有增加固结体直径的效果，增大的数值主要随土质密度而定，由于增径大小难以控制，因此不能把它作为增径的主要措施。通常在发现浆液喷射不足影响固结质量时或工程要求较大的直径时才进行重复喷射
控制固结形状	通过调节喷射压力和注浆量，改变喷嘴移动方向和速度达到控制固结体的形状。根据工程情况，可喷射成以下形状的固结体： （1）圆盘状。只旋转不提升或少提升。 （2）圆柱状。边提升边旋转。 （3）大底状。在底部喷射时，加大压力做重复喷射或减低喷嘴的旋转提升速度。 （4）大帽状。旋转到顶端时，加大压力或做重复喷射或减低喷嘴旋转和提升速度。 （5）糖葫芦状。在喷浆过程中加大压力，减低喷嘴的旋转和提升速度

（3）高压喷射注浆地基施工应注意的问题及主要技术文件见表 1—54。

表 1—54　高压喷射注浆地基施工应注意的问题及主要技术文件

项目	内容
应注意的问题	（1）施工前检查水泥、外掺剂等的质量，桩位、压力表、流量表的精度和灵敏度，高压喷射设备的性能等。 高压喷射注浆工艺宜用普通硅酸盐水泥，强度等级不得低于 32.5 级，水泥用量及压力宜通过试验确定。水灰比为 0.7～1.0 较妥，为确保施工质量，施工机具必须配置准确的计量仪表。 （2）钻机与高压注浆泵的距离不宜过远。钻孔的位置与设计位置的偏差不得大于 50 mm。实际孔位、孔深和每个钻孔内的地下障碍物、洞穴、涌水、漏水及与工程地质报告不符合等情况均应详细记录。 （3）在高压喷射注浆过程中出现压力骤然下降、上升或大量冒浆等异常情况时，应查明产生的原因并及时采取措施。 （4）当高压喷射注浆完毕，应迅速拔出注浆管。为防止浆液凝固收缩影响桩顶高程，必要时可在原孔位采用冒浆回灌或第二次注浆等措施。 （5）当处理既有建筑地基时，应采取速凝浆液或大间距隔孔旋喷和冒浆回灌等措施，以防旋喷过程中地基产生附加变形和地基与基础间出现脱空现象，影响被加固建筑及邻近建筑。同时，应对建筑物进行沉降观测。 （6）施工中应如实记录高压喷射注浆的各项参数和出现的异常现象
质量验收	（1）高压喷射注浆法适用于处理淤泥、淤泥质土、黏性土、粉土、黄土、砂土、人工填土和碎石土等地基。 当土中含有较多的大粒径块石、坚硬黏性土、大量植物根茎或过多的有机质时，应根据现场试验结果确定其适用程度。高压喷射注浆法可用于既有建筑和新建建筑的地基处理、深基坑侧壁挡土或挡水、基坑底部加固、防止管涌与隆起、坝的加固与防水帷幕等工程。对地下水流速过大和已涌水的工程，应慎重使用。 高压喷射注浆法的注浆形式分旋喷注浆、定喷注浆和摆喷注浆等三种。根据工程需要和机具设备条件，可分别采用单管法、二重管法和三重管法。加固形状可分为柱状、壁状和块状。 （2）在制定高压喷射注浆方案时，应掌握场地的工程地质、水文地质和建筑结构设计资料等。对既有建筑尚应搜集竣工和现状观测资料、邻近建筑和地下埋设物等资料。 （3）高压喷射注浆方案确定后，应进行现场试验、试验性施工或根据工程经验确定施工参数及工艺。 （4）高压喷射注浆的施工顺序为机具就位、贯入注浆管、喷射注浆、拔管及冲洗等。 （5）当注浆管贯入土中，喷嘴达到设计标高时，即可喷射注浆。在喷射注浆参数达到规定值后，随即分别按旋喷、定喷或摆喷的工艺要求，提升注浆管，由下而上喷射注浆。注浆管分段提升的搭拉长度不得小于 100 mm。由于喷射压力较大，容易发生窜浆，影响邻孔的质量，应采用间隔跳打法施工，一般两孔间距大于 1.5 m。 （6）对需要扩大加固范围或提高强度的工程，可采取复喷措施，即先喷一遍清水再喷一遍或两遍水泥浆

续上表

项　目	内　容
主要技术文件	(1)工程地质勘察报告、施工图、图纸会审纪要、设计变更单及材料代用通知单等。 (2)经审定的施工组织设计、施工方案及执行中的变更情况。 (3)地基承载力检测报告。 (4)原材料(水泥、外加剂等)复试报告、桩体强度施工试验报告等资料。 (5)施工记录、隐蔽工程检查记录,包括施工参数的检查,如压力、水泥浆量、提升速度等以及桩直径、桩身中心位置和桩体质量情况等

第十节　水泥土搅拌桩地基

一、验收条文

水泥土搅拌桩地基质量验收标准应符合表1-55的规定。

表1-55　水泥土搅拌桩地基质量验收标准

项目	序号	检查项目	允许偏差或允许值		检查方法
			单位	数值	
主控项目	1	水泥及外掺剂质量	设计要求		查产品合格证书或抽样送检
	2	水泥用量	参数指标		查看流量计
	3	桩体强度	设计要求		按规定办法
	4	地基承载力	设计要求		按规定办法
一般项目	1	机头提升速度	m/min	≤0.5	量机头上升距离及时间
	2	桩底标高	mm	±200	测机头深度
	3	桩顶标高	mm	+100 -50	水准仪(最上部500 mm不计入)
	4	桩位偏差	mm	<50	用钢尺量
	5	桩径	mm	<0.04D	用钢尺量,D为桩径
	6	垂直度	%	≤1.5	经纬仪
	7	搭接	mm	>200	用钢尺量

二、施工材料要求

水泥土搅拌桩地基施工材料的选用见表1—56。

表1—56　水泥土搅拌桩地基施工材料的选用

项　目	内　　　容
水泥的选用	42.5级以上普通硅酸盐水泥
外掺剂要求	(1)早强剂选用三乙醇胺、氯化钙、碳酸钠或水玻璃等材料,掺入量宜分别取水泥质量的0.05%、2%、0.5%、2%。 (2)减水剂可选用木质素磺酸钙,其掺入量宜取水泥质量的0.2%。 (3)石膏有缓凝和早强作用,其掺入量宜取水泥质量的2%

三、施工工艺解析

(1)水泥土搅拌桩地基施工技术参数见表1—57。

表1—57　水泥土搅拌桩地基施工技术参数

项　目	内　　　容
桩的布置	水泥土搅拌桩的平面布置可根据上部建筑对变形的要求,采用柱状、壁状、格栅状和块状等处理方式。 　由于这种桩的强度和刚度是介于刚性桩和柔性桩之间的一种桩型,但承载性能又与刚性桩相近,因此在设计时可仅在上部结构基础范围的布桩
承载力计算	(1)竖向承载水泥土搅拌桩复合地基的承载力特征值应通过现场单桩或多桩复合地基荷载试验确定。初步设计时也可按式(1—2)估算,公式中f_{spk}为桩间土承载力特征值(kPa),可取天然地基承载力特征值;β为桩间土承载力折减系数,当桩端土未经修正的承载力特征值大于桩周土的承载力特征值的平均值时,可取0.1~0.4,差值大时取低值;当桩端土未经修正的承载力特征值小于或等于桩周土的承载力特征值的平均值时,可取0.5~0.9,差值大时或设置褥垫层时均取高值。 　(2)水泥土桩单桩竖向承载力特征值应通过现场载荷试验确定。初步设计时也可按式(1—6)估算,并应同时满足式(1—7)的要求。一般宜使由桩身材料强度确定的单桩承载力大于由桩周土和桩端土的抗力所提供的单桩承载力: $$R_a = u_p \sum_{i=1}^{n} q_{si} l_i + \alpha q_p A_p \qquad (1-6)$$ $$R_a = \eta f_{cu} A_p \qquad (1-7)$$ 式中　f_{cu}——与搅拌桩桩身水泥土配比相同的室内加固土试块(边长为70.7 mm的立方体,也可采用边长为50 mm的立方体)在标准养护条件下90 d龄期的立方体抗压强度平均值(kPa)。 　　　　n——桩长范围内划分的土层数。 　　　　η——桩身强度折减系数,干法可取0.20~0.30,湿法可取0.25~0.33。 　　　　u_p——桩的周长(m)。

续上表

项目	内　　容
承载力计算	q_{si}——桩周第 i 层土的侧阻力特征值。对淤泥可取 $4\sim7$ kPa，对淤泥质土可取$6\sim$ 12 kPa，对软塑状态的黏性土可取 $10\sim15$ kPa，对可塑状态的黏性土可以取 $12\sim18$ kPa。 l_i——桩长范围内第 i 层土的厚度(m)。 q_p——桩端地基土未经修正的承载力特征值(kPa)，可按现行的国家标准《建筑地基基础设计规范》(GB 50007—2011)的有关规定确定。 a——桩端天然地基土的承载力折减系数，可取 $0.4\sim0.6$，承载力高时取低值
变形计算	水泥土搅拌桩复合地基的变形包括复合土层的平均压缩变形 s_1 与桩端下未加固土层的压缩变形 s_2。 (1)搅拌桩复合土层的压缩变形 s_1 可按式(1—8)计算： $$s_1 = \frac{(p_z + p_{zl}) \cdot l}{2E_{sp}} \qquad (1—8)$$ 式中　p_z——搅拌桩复合土层顶面的附加压力值(kPa)； 　　　p_{zl}——搅拌桩复合土层底面的附加压力值(kPa)； 　　　E_{sp}——搅拌桩复合土层的复合模量(kPa)，可按式(1—9)计算： $$E_{sp} = mE_p + (1-m)E_s \qquad (1—9)$$ 　　　E_p——搅拌桩的压缩模量，可取 $(100\sim120)f_{cu}$(kPa)。对桩较短或桩身强度较低者取低值，反之可取高值。 (2)桩端以下未加固土层的压缩变形 s_2 可按现行的国家标准《建筑地基基础设计规范》(GB 50007—2011)的有关规定进行计算

(2)水泥土搅拌桩施工工艺及质量验收见表1—58。

表 1—58　水泥土搅拌桩施工工艺及质量验收

项目	内　　容
施工工艺	(1)检查水泥外掺剂和土体是否符合要求。 (2)调整好搅拌机、灰浆泵和拌浆机等设备。 (3)施工现场事先应予平整，必须清除地上、地下一切障碍物。潮湿和场地低洼时应抽水和清淤，分层夯实回填黏性土料，不得回填杂填土或生活垃圾。 (4)作为承重水泥土搅拌桩施工时，设计停浆(灰)面应高出基础底面标高 $300\sim$ 500 mm(基础埋深大取小值、反之取大值)，在开挖基坑时，应将该施工质量较差段用手工挖除，以防止发生桩顶与挖土机械碰撞断裂现象。 (5)为保证水泥土搅拌桩的垂直度，要注意起吊搅拌设备的平整度和导向架的垂直度，水泥土搅拌桩的垂直度控制在小于或等于 1.5% 范围内，桩位布置偏差不得大于 50 mm，桩径偏差不得大于 $4\%D$(D 为桩径)。 (6)每天上班开机前，应先量测搅拌头刀片直径是否达到 700 mm，搅拌刀片有磨损时应及时加焊，防止桩径偏小。

续上表

项目		内　　容
施工工艺		(7)预搅下沉时不宜冲水,当遇到较硬土层下沉太慢时,方可适当冲水,但应用缩小浆液水灰比或增加掺入浆液等方法来弥补冲水对桩身强度的影响。 (8)施工时因故停浆,应将搅拌头下沉至停浆点以下 0.5 m 处,待恢复供浆时再喷浆提升。若停机 3 h 以上,应拆卸输浆管路,清洗干净,防止恢复施工时堵管。 (9)壁状加固时桩与桩的搭接长度宜 200 mm,搭接时间不大于 24 h,如因特殊原因超过 24 h 时,应对最后一根桩先进行空钻留出榫头以待下一个桩搭接;如间隔时间过长,与下一根桩无法搭接时,应在设计和业主方认可后,采取局部补桩或注浆措施。 (10)拌浆、输浆、搅拌等均应有专人记录,桩深记录误差不得大于 100 mm,时间记录误差不得大于 5 s
质量验收	适用性	水泥土搅拌法适用于处理淤泥、淤泥质土、粉土和含水量较高且地基承载力标准值不大于 120 kPa 的黏性土地基。当用于处理泥炭土或地下水具有侵蚀性时,宜通过试验确定其适用性。冬期施工时应注意负温对处理效果的影响。工程地质勘察应查明填土层的厚度和组成,软土层的分布范围、含水量和有机质含量,地下水的侵蚀性质等。设计前必须进行室内加固试验,针对现场地基上的性质,选择合适外掺剂,为设计提供各种配比的强度参数。当用于处理泥炭土地基时,宜通过试验确定其适用性
	影响因素	影响水泥搅拌桩因素除了水泥及外掺剂外还有: (1)填土层的组成。特别是大块物质(石块、树根等)的尺寸和含量。大块石对深层搅拌施工速度有很大的影响。某工程实测表明,深层搅拌法穿过 1 m 厚的含大石块的人工回填土层需要 40～60 min,而穿过一般软土仅需 2～3 min。 (2)土的含水量。当水泥土配方相同时,其强度随土样的天然含水量的降低而增大。试验表明,当土样含水量在 50%～85% 范围内变化时,含水量每降低 10%,强度可提高 30%～50%。 (3)有机质含量。对于有机质含量较高的软土,用水泥加固后的强度一般较低。因为有机质使土层具有较大的水容量和塑性,较大的膨胀性和低渗透性,并使土层具有一定的酸性,这些都阻碍水泥水化反应的进行,故影响水泥土强度增长。 (4)地下水的侵蚀性。其中尤以硫酸盐侵蚀为甚。许多种普通水泥不适应硫酸盐的结晶性侵蚀,甚至丧失强度
	检验时间	进行强度检验时,对承重水泥土搅拌桩应取 90 d 后的试件;对支护水泥土搅拌桩应取 28 d 后的试件。强度检验取 90d 的试样是根据水泥土的特性而定,如工程需要(如作为围护结构用的水泥土搅拌桩)可根据设计要求,以 28 d 强度为准
	处理形式	(1)柱状处理形式。当处理局部饱和软黏土夹层和表层与桩端土质较好的建筑物地基时,采用柱状处理形式可以充分利用桩身强度与桩周摩擦力。 (2)壁状和格栅状处理形式。在深厚软土层或土层分布很不均匀的场地,对于上部建筑长度比大、刚度小、易产生不均匀沉降的长条状住宅楼,采用壁状与格栅状处理形式可以有效地不均匀沉降。尤其是采用搅拌桩纵横方向搭接成壁的格栅状处理形式,使全部搅拌桩形成一个整体,减少了产生不均匀沉降的可能性。

续上表

项目		内　容
质量验收	处理形式	（3）长短桩相结合的处理形式。当地质条件复杂,同一建筑物坐落在两类不同性质的地基土时,采用长短桩相结合的处理形式可以调整沉降量和节省材料降低造价。当设计计算的桩数不足以使纵横方向相连接时,可用 3 m 左右的短桩将相邻长桩连成壁状或格栅状,从而大大增加整体刚度
	基础工作	施工的场地应事先平整,清除桩位处地上、地下一切障碍物(包括大块石、树根和生活垃圾等)。场地低洼时应回填黏性土料,不得回填杂填土。基础底面以上宜预留 500 mm 厚的土层,桩施工到地面,开挖基坑时,应将上部质量较差桩段挖去

（3）水泥土搅拌桩施工应注意的问题及主要技术文件见表1－59。

表1－59　水泥土搅拌桩施工应注意的问题及主要技术文件

项目	内　容
应注意的问题	（1）施工前应标定搅拌机械的灰浆泵输浆量、灰浆经输浆管到达搅拌机喷浆口的时间和起吊设备提升速度等施工参数,并根据设计要求通过成桩试验,确定搅拌桩的配比和施工工艺。 （2）施工过程中应随时检查施工记录,并对每根桩进行质量评定。对于不合格的桩应根据其位置和数量等具体情况,分别采用补桩或加强邻桩等措施。 （3）基槽开挖后,应检验桩位、桩数与桩顶质量,如不符合规定要求,应采取有效补救措施。搅拌桩施工时,由于各种因素的影响,均有可能造成桩位偏离,但偏离的程度只有在基槽开挖后才能确定和加以补救,因此搅拌桩的施工验收工作宜在开挖基槽时进行。 1)桩位、桩数检验。基槽开挖后测放建筑物轴线或基础轮廓线,记录实际桩数和桩位,根据偏位桩的数量、部位和程序进行安全度分析,确定补救措施。 2)桩顶强度检验。可用直径 φ16、长度 2 m 的平头钢筋,垂直放在桩顶。如用人力能压入 100 mm(龄期 28 d),表明桩顶施工质量有问题。一般可将桩顶挖去 0.5 m,再填入 C20 的混凝土或 M10 砂浆即可
主要技术文件	（1）工程地质勘察报告、施工图、图纸会审纪要、设计变更单及材料代用通知单等。 （2）经审定的施工组织设计、施工方案及执行中的变更情况。 （3）地基承载力检测报告。 （4）原材料(水泥、外加剂等)复试报告、桩体强度试验报告等资料。 （5）施工记录、隐蔽工程检查记录,包括机头提升速度、水泥浆注入量、搅拌桩长度及高度等

第十一节　土和灰土挤密桩复合地基

一、验收条文

土和灰土挤密桩地基质量验收标准应符合表1－60的规定。

表1—60　土和灰土挤密桩地基质量验收标准

项目	序号	检查项目	允许偏差或允许值		检查方法
			单位	数值	
主控项目	1	桩体及桩间土干密度	设计要求		现场取样检查
	2	桩长	mm	+500	测桩管长度或垂球测孔深
	3	地基承载力	设计要求		按规定的方法
	4	桩径	mm	—20	用钢尺量
一般项目	1	土料有机质含量	%	≤5	试验室焙烧法
	2	石灰粒径	mm	≤5	筛分法
	3	桩位偏差	mm	满堂布桩≤0.40D 条基布桩≤0.25D	用钢尺量,D为桩径
	4	垂直度	%	≤1.5	用经纬仪测桩管
	5	桩径	mm	—20	用钢尺量

注:桩径允许偏差负值是指个别断面。

二、施工材料要求

(1)土和灰土桩所用的土,一般采用素土,但不得含有机杂质,使用前应过筛,其粒径不得大于20 mm。

(2)灰土桩所用的熟石灰应过筛,其粒径不得大于5 mm,熟石灰中不得夹有未熟化的生石灰块,也不得含有过多的水分。

三、施工工艺解析

(1)土和灰土挤密桩地基施工技术参数见表1—61。

表1—61　土和灰土挤密桩地基施工技术参数

项目	内容
桩孔直径	桩孔直径宜为300~450 mm,并可根据所选用的成孔设备或成孔方法确定。桩孔宜按等边三角形布置(图1—11),桩孔之间的中心距离,可为桩直径的2.0~2.5倍,也可按下式估算: $$s=0.95d\sqrt{\dfrac{\overline{\eta}_c\rho_{d\max}}{\overline{\eta}\rho_{d\max}-\overline{\rho}_d}} \qquad (1-10)$$ 式中　s——桩孔之间的中心距离(m); 　　　d——桩孔直径(m); 　　　$\rho_{d\max}$——桩间土的最大干密度(t/m³); 　　　$\overline{\rho}_d$——地基处理前上的平均干密度(t/m³); 　　　$\overline{\eta}_c$——桩间土经成孔挤密后的平均挤密系数,对重要工程不宜小于0.93,对一般工程不应小于0.90

续上表

项目	内　容
平均挤密系数	桩间土的平均挤密系数 $\bar{\eta}_c$,应按下式计算: $$\bar{\eta}_c = \frac{\bar{\rho}_{d1}}{\rho_{d\max}} \qquad (1-11)$$ 式中　$\bar{\rho}_{d1}$——在成孔挤密深度内,桩间土的平均干密度(t/m³),平均试样数不应少于6组
桩孔数量	桩孔的数量可按下式估算: $$n = \frac{A}{A_e} \qquad (1-12)$$ 式中　n——桩孔的数量; 　　　A——拟处理地基的面积(m²); 　　　A_e——1根土或灰土挤密桩所承担的处理地基面积(m²),即: $$A_e = \frac{\pi d_e^2}{4} \qquad (1-13)$$ 式中　d_e——根桩分担的处理地基面积的等效圆直径(m)。 　　桩孔按等边三角形布置 $d_e = 1.05s$; 　　桩孔按正方形布置 $d_e = 1.13s$;
变形计算	灰土挤密桩和土挤密桩复合地基的变形计算,应符合现行国家标准《建筑地基基础设计规范》(GB 50007—2011)的有关规定,其中复合土层的压缩模量,可采用载荷试验的变形模量代替
处理宽度	土和灰土挤密桩处理地基的面积,应大于基础或建筑物底层平面的面积。当采用局部处理时,超出基础底面的宽度对非自重湿陷性黄土、素填土和杂填土等地基,每边不应小于基底宽度的0.25倍,并不应小于0.50 m;对自重湿陷性黄土地基,每边不应小于基底宽度的0.75倍,并不应小于1.00 m,当采用整片处理时,超出建筑物外墙基础底面外缘的宽度,每边不宜小于处理土层厚度的1/2,并不应小于2 m
地基承载力	土和灰土挤密桩复合地基的承载力特征值,应通过现场单桩或多桩复合地基载荷试验确定。初步设计时,也可按当地经验确定,但对土挤密桩复合地基的承载力特征值,不宜大于处理前的1.4倍,并不宜大于180 kPa;对灰土挤密桩复合地基的承载力特征值,不宜大于处理前的2.0倍,并不宜大于250 kPa
压实系数	桩孔内的填料,应根据工程要求或处理地基的目的确定,桩体的夯实质量宜用平均压实系数 $\bar{\lambda}_c$ 控制。当桩孔内用素土或灰土分层回填、分层夯实时,桩体的平均压实系数 $\bar{\lambda}_c$ 值不应小于0.96,消石灰与土的体积配合比宜为2∶8或3∶7。 　　桩顶标高以上应设置300~500 mm厚的2∶8灰土垫层,其压实系数不应小于0.95

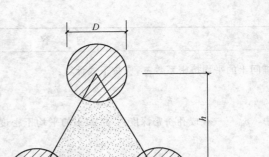

图 1—11　桩距和排距计算简图

D—桩孔直径;S—桩的间距;h—桩的排距

(2)土和灰土挤密桩地基施工工艺见表 1—62。

表 1—62　土和灰土挤密桩地基施工工艺

项目		内　　容
适用范围		土或灰土挤密桩法适用于处理地下水位以上的湿陷性黄土、素填土和杂填土等地基。处理深度宜为 5~15 m。当以消除地基的湿陷性为主要目的时,宜选用灰土挤密桩法。当以提高地基的承载力或稳定性为主要目的时,宜选用土挤密桩法。当地基土的含水量大于 23% 及其饱和度大于 0.65 时,不宜选用上述方法。对重要工程或在缺乏经验的地区,施工前应按设计要求,在现场选点进行试验。如土性基本相同,试验可在一处进行,如土性差异明显,应在不同的地段分别进行试验。施工前应在现场进行成孔、夯填工艺和挤密效果试验,以确定填料厚度、最佳含水量、夯击次数及干密度等施工参数及质量标准。成孔顺序应先外后内,同排桩应间隔施工。填料含水量如过大或过小,要预干或预湿处理后再填入
成孔	锤击沉管成孔	(1)桩机安装就位后,使其平稳,然后吊起桩管,对准桩孔位,并在桩管和桩锤之间垫好缓冲材料,缓缓放下,使桩管、桩尖、桩锤在同一垂线上。借锤的自重和桩管自重将桩尖压入土中。 　　(2)桩尖开始入土时,先低锤轻击或低锤重打,待桩尖沉入土中 1~2 m,且各方面正常后,再用预定的速度、落距锤击沉管至设计标高。 　　(3)施工顺序:当沉管速度小于 1 m/min 时,宜由里向外打;当桩距为 2~2.5 倍桩径或桩距小于 2 m 时,应采用跳点、跳排打的方法施工。 　　(4)夯击沉管时,当桩的倾斜度超过 1%~1.5% 时,应拔管填孔重打,若出现桩锤回跳过高、沉桩速度慢、桩孔倾斜、桩靴损坏等情况,应及时回填挤密,每次成孔拔管后,应及时检查桩尖。 　　(5)用柴油锤沉桩至设计深度后,应立即关闭油门,及时匀速(≤1.0 m/min,软弱层及软硬交界处应小于或等于 0.8 m/min)拔管。有困难时,可用水浸湿桩管周围土层或旋活桩管后起拔,拔出桩管后应立即检查并测量桩孔直径和深度,如发现缩颈现象,可

续上表

项目		内　容
成孔	锤击沉管成孔	用洛阳铲扩孔或上下窜动桩管扩孔。缩颈严重时,可在桩孔内充填干砂、生石灰、水泥、干粉煤灰和碎砖渣等,稍停一段时间后,再将桩管沉入孔中,如采用这种办法仍无效,可采用素混凝土或碎石填入缩孔地段,用桩管反复挤密后,在其上再作土桩或灰土桩,也可用预制混凝土桩打到缩颈处以下的桩孔中,成为上段为土桩而下段为混凝土的混合桩。 (6)在建筑物的重要部位,荷载、基础形式或尺寸变异大处以及土层软弱的地方,需严格控制成孔、制桩质量,必要时应采取加密桩或设短桩的措施,并认真作好施工记录,控制每根桩的总锤击数、总填料量及最后 1 m 的锤击数和最后两阵 10 击的贯入度,其值可按设计要求和施工经验确定。沉管的贯入度应在桩尖未破坏、锤击未偏心、锤的落距符合要求、桩帽和弹性垫层正常等条件下测定。 (7)施工中应注意施工安全,成孔后桩机应撤离一定的距离,并及时夯填桩孔(未夯填的桩孔不得超过 10 个),并在孔口加盖
	振动沉管法成孔	(1)沉管法的施工顺序为桩机就位→沉管挤土→拔管成孔→桩孔夯填,如图 1-12 所示,同锤击沉管法相同。 (2)振动沉管法施工应注意以下几点: 1)桩机就位必须平稳,不发生移动或倾斜,桩管应对准桩孔。 2)沉管开始阶段应轻击慢沉,等桩管方向稳定后再按正常速度沉管,对于最先完成的 2~3 个桩孔、建筑物的重要部位、土层有变化的地段或沉管贯入度出现反常现象等均应逐孔详细记录沉管的锤击数和振动沉入时间、出现的问题和处理方法。 3)桩管沉至设计深度后及时拔出,不应在土中搁置时间太久,拔管困难时,可采取锤击沉管法相同的方法,即用水浸湿桩管周围土层或将桩管旋转后拔出。 4)成孔后要及时检查桩孔质量,观测孔径和深度偏差是否超过允许值。轻微的缩颈可以削颈至能够顺利填夯施工
	桩孔夯填	当用素土回填夯实时,压实系数 λ_c 不应小于 0.95;当用灰土回填夯实时,压实系数 λ_c 不应小于 0.97,也可用表 1-63 的标准来控制灰土的夯实质量。 (1)夯实机就位后应保持平整稳固,夯锤与桩孔中心要相互对中,使夯锤能自由下落孔底。 (2)夯填前应检查孔径、孔深、孔的倾斜度、孔的中心位置,合格后,还应检查桩孔内有无杂物、积水和落土清理干净后,在填料前应先夯实孔底(夯次不得少于 8~10 次),夯到有效深度或其下 30~50 cm,直至孔底发出清脆声音为止,然后再保证填料的含水量接近或等于最优含水量的状态下,定量分层夯填。 (3)人工填料应指定专人按规定数量均匀填料,不得盲目乱填,更不允许用送料车直接倒料入孔。 (4)填料、夯击交替进行,均匀夯击至设计标高以上 20~30 cm 时为止。桩顶至地面间的空档可采用素土夯填轻击处理,待做桩上的垫层时,将超出设计桩顶的桩头及土层挖掉。

项 目	内 容
桩孔夯填	(5)为保证夯填质量,规定填入孔内的填料量、填入次数、填料的拌和质量、含水量、夯击次数、夯击时间均应有专人操作、记录和管理,并对上述项目按总桩数的 2% 进行抽样随机检查,每班抽样检查的数量不少于 1~2 次,对于施工完毕的桩号、排号、桩数逐个与施工图对照检查,如发现问题应立即返工或补填、补打

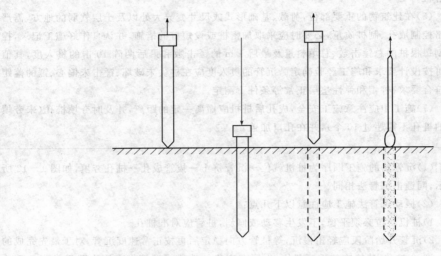

(a)桩机就位　　(b)沉管挤土　　(c)拔管成孔　　(d)夯填桩孔

图 1—12　沉管法成孔施工工艺程序

表 1—63　灰土质量干密度标准

土的种类	灰土最小干密度(g/m³)	备 注
粉土	1.55~1.60	灰土的干密度随土料和拌灰量的多少而变化,粉粒含量高,掺灰量小时,干密度高,反之则小。灰土的干密度受人为影响较大,所以《湿陷性黄土地区建筑规范》(GB 50025—2004)规定用 λ_c 及 $\overline{\eta}$ 来控制
粉质黏土	1.50~1.55	
黏土	1.45~1.50	

(3)土和灰土挤密桩施工应注意的问题及主要技术文件见表 1—64。

表 1—64　土和灰土挤密桩施工应注意的问题及主要技术文件

项 目	内 容
应注意的问题	(1)土或灰土挤密桩处理地基的宽度应大于基础的宽度。局部处理时,对非自重湿陷性黄土、素填土、杂填土等地基,每边超出基础的宽度不应小于 $0.25b$(b 为基础短边宽度),并不应小于 0.5 m;对自重湿陷性黄土地基不应小于 $0.75b$,并不应小于 1 m。整片处理宜用于 Ⅲ、Ⅳ 级自重湿陷性黄土场地,每边超出建筑物外墙基础外缘的宽度不宜小于处理土层厚度的 1/2,并不应小于 2 m。

续上表

项目	内 容
应注意的问题	(2)土或灰土挤密桩的施工,应按设计要求和现场条件选用沉管(振动、锤击)、冲击或爆扩等方法进行成孔,使土向孔的周围挤密。成孔和回填夯实的施工顺序,宜间隔进行,对大型工程可采取分段施工。 (3)成孔施工时地基土宜接近最佳含水量,当含水量低于 12% 时,宜加水增湿至最佳含水量;成孔施工时,地基土的含水量是否适中至关重要。 　　工程实践表明,当土的含水量低于 12% 时,土呈坚硬或半固体状态,成孔很困难,且设备容易损坏;当土的含水量大于 23%、饱和度大于 0.65 时,拔管过程中,桩孔缩颈,不易成型;当土的含水量接近塑限(或最佳)含水量时,成孔施工速度快,挤密效果好。因此,在成孔施工过程中,应掌握好地基土的含水量,不宜过大或过小。最佳含水量是成孔挤密施工的理想含水量,但实际情况往往有出入。如只允许在最佳含水量施工,则不符合最佳含水量的土需采取晾干等措施,这样施工很麻烦,而且不易掌握准确。为此,对含水量介于 12%~23% 的土,只要成孔挤密施工顺利,不一定需要采取加水或晾干措施,故未作硬性规定。 (4)基础底面以上应预留 0.7~1.0 m 厚的土层,待施工结束后,将表层挤松的土挖除或分层夯压密实。施工过程中,应有专人监测成孔及回填夯实的质量并做好施工记录。如发现地基地质与勘察资料不符,并影响成孔或回填夯实时,应立即停止施工,待查明情况或采取有效措施处理后,方可继续施工。 (5)雨期或冬期施工,应采取防雨、防冻措施,防止土料和灰土受雨水淋湿或冻结。 (6)施工结束后,对土或灰土挤密桩处理地基的质量,应及时进行抽样检验。对一般工程,主要应检查桩和桩间土的干密度、承载力和施工记录。对重要或大型工程,除应检测上述内容外,尚应进行载荷试验或其他原位测试。也可在地基处理的全部深度内取土样测定桩间土的压缩性和湿陷性
主要技术文件	(1)工程地质勘察报告、施工图、图纸会审纪要、设计变更单及材料代用通知单等。 (2)经审定的施工组织设计、施工方案及执行中的变更情况。 (3)地基承载力检测报告。 (4)原材料复试报告、施工试验报告(土干密度、土料有机质含量、石灰粒径和填料含水率等)等资料。 (5)施工记录、隐蔽工程检查记录,包括桩孔直径、桩孔深度和夯击次数等

第十二节　水泥粉煤灰碎石桩复合地基

一、验收条文

水泥粉煤灰碎石桩复合地基的质量验收标准应符合表 1—65 的规定。

表 1—65　水泥粉煤灰碎石桩复合地基质量验收标准

项目	序号	检查项目	允许偏差或允许值		检查方法
			单位	数值	
主控项目	1	原材料	设计要求		查产品合格证书或抽样送检
	2	桩径	mm	−20	用钢尺量或计算填料量
	3	桩身强度	设计要求		查 28 d 试块强度
	4	地基承载力	设计要求		按规定的办法
一般项目	1	桩身完整性	按桩基检测技术规范		按桩基检测技术规范
	2	桩位偏差	mm	满堂布桩≤0.40D 条基布桩≤0.25D	用钢尺量，D 为桩径
	3	桩垂直度	%	≤1.5	用经纬仪测桩管
	4	桩长	mm	+100	测桩管长度或垂球测孔深
	5	褥垫层夯填度	≤0.9		用钢尺量

注：1. 夯填度指夯实后的褥垫层厚度与虚体厚度的比值。

　　2. 桩径允许偏差负值是指个别断面。

二、施工材料要求

水泥粉煤灰碎石桩复合地基施工材料的要求见表 1—66。

表 1—66　水泥粉煤灰碎石桩复合地基施工材料的要求

项目	内　容
水泥的选用	(1)宜采用 42.5 级普通硅酸酸水泥。 (2)烧失量≤5.0%，三氧化硫≤3.5%，氧化镁≤5.0,氯离子≤0.06%
粉煤灰的要求	(1)粉煤灰具有很好的力学特性,可以用来作为地基的一种材料,其中力学特性有:强度指标和压缩性指标:内摩擦角 φ 为 23°～30°,黏聚力 C 为 5～30 MPa,压缩模量 E_s 为 8～20 MPa,渗透系数 k 为 9×10^{-5}～2×10^{-4}。压力扩散角为 11.6 kN/m³。 (2)粉煤灰可选用湿排灰,调湿灰和干排灰,且不得含植物,垃圾和有机物杂质。 (3)粉煤灰选用时应使硅铝化合物含量越高越好。 (4)粉煤灰粒径应控制在 0.001～2.0 mm 之间。 (5)含水量应控制在 3%～14% 范围内,且还应防止被污染。 (6)烧失量不应大于 12%。 (7)现场测试时,压实系数 λ_c 为 0.90～0.95 时,承载力可达到 120～200 MPa,$\lambda_c>$ 0.95 时可抗地震液化

续上表

项目	内　　容
混合材料配合比	根据拟加固地基场地的地质情况及加固后要求达到的承载力而定。水泥粉煤灰、碎石混合料的配合比相当于抗压强度为 C1.2～C7 的低强度素混凝，密度大于 2.0 t/m³，掺加最佳石屑率(石屑量与碎石和石屑总量之比)约 25% 左右情况下，当 W/C 为 1.01～1.47，F/C(粉煤灰与水泥质量之比)为 1.02～1.65 时，混凝土抗压强度为 8.8～14.2 MPa

三、施工工艺解析

（1）水泥粉煤灰碎石桩复合地基施工工艺见表 1－67。

表 1－67　水泥粉煤灰碎石桩复合地基施工工艺

项目	内　　容
桩机定位	桩机就位时，必须保持平稳，不发生倾斜、移位。为准确控制造孔深度，应在桩架上或桩管上作出控制的标尺，以便在施工中进行观测、记录
钻孔施工	(1)钻机进场后，应根据桩长来安装钻塔及钻杆，钻杆的连接应牢固，每施工 2～3 根桩后，应对钻杆连接处进行紧固。 　　(2)桩机就位前进行孔位复核。钻机定位后，钻尖封口，最好用橡皮筋箍住。进行预检，钻尖与桩点偏移不得大于 10 mm，并采用双向锤法将钻杆调整垂直，慢速开孔。 　　(3)钻进速度应根据土层情况来确定：杂填土、黏性土和砂卵石层为 0.2～0.5 m/min；素填土、黏性土、粉土、砂层为 1.0～1.5 m/min。施工前应根据试钻结果进行调整。 　　(4)钻机钻进过程中，一般不得反转或提升钻杆，如需提升钻杆或反转应将钻杆提至地面，对钻尖开启门须重新清洗、调试、封口。 　　(5)在钻进过程中，如遇到卡钻、钻机摇晃、偏斜或发现有节奏的声响时，应立即停钻，查明原因，采取相应措施后，方可继续作业。 　　(6)钻出的土应随钻随清，钻至设计标高时，应将钻杆导正器打开，以便清除钻杆周围土。 　　(7)钻到桩底设计标高，由质检员终孔验收后，进行压灌混凝土作业
混凝土配制、运输及泵送	(1)采用预混凝土，其原材料、配合比和强度等级应符合设计要求。 　　(2)运输要求：采用混凝土罐车进行运输，罐车需要保证在规定时间内到达施工现场。 　　(3)地泵输送混凝土。 　　1)混凝土地泵的安放位置应与钻机的施工顺序相配合，尽量减少弯道，混凝土泵与钻机的距离一般在 60 m 以内为宜。 　　2)混凝土泵送前采用水泥砂浆进行润湿，不得泵入孔内。混凝土的泵送尽可能连续进行，当钻机移位时，地泵料斗内的混凝土应连续搅拌，泵送时，应保持料斗内混凝土的高度，不得低于 400 mm，以防吸进空气造成堵管。 　　3)混凝土输送泵管尽可能保持水平，长距离泵送时，泵管下面应用垫木垫实。当泵管需向下倾斜时，应避免角度过大

项 目	内　容
压灌混凝土成桩	（1）成桩施工各工序应连续进行。成桩完成后，应及时清除钻杆及软管内残留混凝土。长时间停置时，应用清水将钻杆、泵管、地泵清洗干净。 （2）钻至桩底标高后，应立即将钻机上的软管与地泵管相连，并在软管内泵入水泥浆或水泥砂浆，以起润湿软管和钻杆作用。 （3）钻杆的提升速度应与混凝土泵送量相一致，充盈系数不小于 1.0,应通过试桩确定提升速度及何时停止泵送。遇到饱和砂土或饱和粉土层，不得停泵待料，并应减慢提升速度。成桩过程中经常检查排气阀是否工作正常，如不能正常工作，要及时修复。 （4）必要时成桩后对桩顶 3～5 m 范围内进行振捣

（2）水泥粉煤灰碎石桩复合地基质量验收见表 1—68。

表 1—68　水泥粉煤灰碎石桩复合地基质量验收

项 目	内　容
验收内容	水泥粉煤灰碎石桩，由碎石、石屑、粉煤灰，掺适量水泥加水拌和，用各种成分制成的具有可变粘结强度的桩型。通过调整水泥掺量及配比，可使桩体强度等级在 C5～C20 之间变化。桩体中的粗集料为碎石；石屑为中等粒径集料，可使级配良好；粉煤灰具有细集料及低强度等级水泥的作用。桩和桩间土一起，通过褥垫层形成复合地基。此处的褥垫层，不是基础施工时通常做的 10 cm 厚素混凝土垫层，而是由粒状材料组成的散体垫层。工程中，对散体桩（如碎石桩）和低粘结强度桩（如石灰桩）复合地基，有时可不设置褥垫层，也能保证桩与土共同承担荷载。水泥粉煤灰碎石桩系高粘结强度桩，褥垫层是桩和桩间土形成复合地基的必要条件，亦即褥垫层是水泥粉煤灰碎石桩复合地基不可缺少的一部分
水泥粉煤灰碎石常用施工方法	（1）长螺旋钻孔灌注成桩。 适用于地下水埋藏较深的黏性土，成孔时不会发生坍孔现象，且对周围环境要求噪声、泥浆污染比较严格的场地。 （2）泥浆护壁钻孔灌注成桩。 适用于分布有砂层的地质条件，以及对振动噪音要求严格的场地。 （3）长螺旋钻孔泵压混合料成桩。 适用于分布有砂层的地质条件，以及对噪声和泥浆污染要求严格的场地。施工时，首先用长螺旋钻钻孔达到预定标高，然后提升钻杆，同时用高压泵将桩体混合料通过高压管路及长螺旋钻杆的内容管压到孔内成桩。这一工艺具有低噪声、无泥浆污染的优点，是一种很有发展前途的施工方法。 （4）振动沉管灌注成桩。 适用于无坚硬土层和密实砂层的地质条件，以及对振动噪声限制不严格的场地。当遇到坚硬黏性土层时，振动沉管会发生困难，此时可考虑用长螺旋钻预引孔，再用振动沉管机成孔制桩。就目前国内情况，振动沉管机灌注成桩用得比较多。这主要是由于振动沉管打桩机施工效率高，造价相对较低

续上表

项目	内　容
施工要点	（1）桩机进入现场，根据设计桩长、沉管入土深度确定机架高度和沉管长度，并进行设备组装。 （2）桩机就位，调整沉管与地面垂直，确保垂直度偏差不大于1％。 （3）启动电动机沉管到预定标高，停机。 （4）沉管过程中做好记录，每沉1 m记录电流表上的电流一次，并对土层变化处予以说明。 （5）停机后立即向管内投料，直到混合料与进料口齐平。混合料按设计配比经搅拌机加水拌和，拌和时间不得少于1 min，如粉煤灰用量较多，搅拌时间还要适当放长。加水量按坍落度3～5 m控制，成桩后浮浆厚度以不超过20 cm为宜。 （6）启动电动机，留振5～10 s，拔管速度一般为1.2～1.5 m/min（拔管速度为线速度，不是平均速度），如遇淤泥或淤泥质土，拔管速度还应放慢。如上料不足，须在拔管过程中空中投料，以保证成桩后桩顶标高达到设计要求。成桩后桩顶标高应考虑计入保护桩长。 （7）沉管拔出地面，确认成桩符合设计要求后，用粒状材料或湿黏性土封顶。然后移机进行下一根桩的施工。 （8）施工过程中，抽样做混合料试块，一般一个台班做一组（3块），试块尺寸为15 cm×15 cm×15 cm，并测定28 d抗压强度

（3）水泥粉煤灰碎石桩复合地基施工应注意的问题及主要技术文件见表1—69。

表1—69　水泥粉煤灰碎石桩复合地基施工应注意的问题及主要技术文件

项目	内　容
应注意的问题	施工前，应对基础底面以下的土层做灵敏度试验。查明这些土层灵敏度的大小，为褥垫层施工提供依据。对中、高灵敏度土，褥垫层施工时应尽量避免对桩间土产生扰动，防止发生"橡皮土"
主要技术文件	（1）工程地质勘察报告、施工图、图纸会审纪要、设计变更单及材料代用通知单等。 （2）经审定的施工组织设计、施工方案及执行中的变更情况。 （3）地基承载力检测报告。 （4）原材料（水泥、粉煤灰、砂、碎石）复试报告、桩身强度试验报告等资料。 （5）施工记录、隐蔽工程检查记录，包括混合料的配合比、坍落度、成孔深度和提拔钻杆速度等

第十三节　夯实水泥土桩复合地基

一、验收条文

夯实水泥土桩的质量验收标准应符合表1—70的规定。

表1-70　夯实水泥土桩质量验收标准

项目	序号	检查项目	允许偏差或允许值		检查方法
			单位	数值	
主控项目	1	桩径	mm	-20	用钢尺量
	2	桩长	mm	+500	测桩孔深度
	3	桩体干密度	设计要求		现场取样检查
	4	地基承载力	设计要求		按规定的方法
一般项目	1	土料有机质含量	%	≤5	焙烧法
	2	含水量(与最优含水量比)	%	±2	烘干法
	3	土料粒径	mm	≤20	筛分法
	4	水泥质量	设计要求		查产品质量合格证书或抽样送检
	5	桩位偏差	—	满堂布桩≤0.40D 条基布桩≤0.25D	用钢尺量,D为桩径
	6	桩孔垂直度	%	≤1.5	用经纬仪测桩管
	7	褥垫层夯填度	≤0.9		用钢尺量

注:1. 夯填度指夯实后的褥垫层厚度与虚体厚度的比值。
　　2. 桩径允许偏差负值是指个别断面。

二、施工材料要求

(1)夯实水泥土的强度等级在C1～C5之间,其变形模量远大于土的变形模量,因此也类似水泥粉煤灰碎石桩复合地基一样设置褥垫层,以调整基底压力分布,使荷载通过垫层传到桩和桩间土上,保证桩间土承载力的发挥。

(2)施工时宜选用强度等级为42.5级以上的普通硅酸盐水泥,土料的选用同土和灰土挤密桩地基。

(3)成孔机具宜采用洛阳铲或小型钻机,夯实机采用偏心轮夹杆或夯实机。当桩径达到330 mm时,夯锤质量不小于60 kg,锤径不大于270 mm,落距大于700 mm。

三、施工工艺解析

(1)夯实水泥土桩复合地基施工技术参数见表1-71。

表1-71　夯实水泥土桩复合地基施工技术参数

项目	内　容
桩径、桩长和桩距	桩长直径宜为300～600 mm,可根据设计及成孔方法确定常用桩径350～400 mm,选用的夯锤应与桩径相适应。桩长的确定,当相对硬层的埋藏深度不大时,应按相对硬层埋藏深度确定;当相对硬层埋藏深度较大,而桩端下又存在软弱下卧层时,应验算其变形,按建筑物地基的变形允许值确定。桩距宜为2～4倍桩径

项目	内 容
承载力	夯实水泥土桩复合地基的承载力特征值应按现场复合地基载荷试验确定。初步设计时也可用单桩和桩间土的载荷试验估算,其中单桩竖向承载力特征值 R_a 可按《建筑地基基础设计规范》(GB 50007—2011)确定。 褥垫层厚可取 150～300 mm,材料可采用中砂、粗砂、级配砂石或碎石,最大粒径不宜大于 20 mm。桩孔内夯填的混合料配合比应按工程要求、土料性质及采用的水泥品种,由配合比试验确定
变形	地基处理后的变形计算应按《建筑地基基础设计规范》(GB 50007—2011)的有关规定进行。计算深度必须大于复合土层的深度,复合土层的压缩模量可参照水泥粉煤灰碎石桩复合地基

(2)夯实水泥土桩复合地基施工工艺及施工要赤见表1—72。

表1—72 夯实水泥土桩复合地基施工工艺及施工要求

项目	内 容
施工工艺	夯实水泥土地基的施工,主要是成孔工艺,对于挤土工艺可选用沉管、冲击等方法;非挤土成孔可采用人工洛阳铲、螺旋钻等方法,夯实成孔时,夯锤的落距和填料厚度应根据现场试验确定,混合料的压实系数不应小于 0.93,土中有机质含量不应超过 5%,不含冻土或膨胀土,满足最优含水量 W_{op},允许偏差不应大于±2%。 夯实水泥土桩成孔工艺流程:场地平整→测量放线→基坑开挖→第一批桩成孔→土料、水泥混合→填料并压实→继续填料成孔→土料、水泥混合→填料并压实→养护→检测→铺设灰土褥垫层
施工要求	(1)水泥及夯实用土料的质量应符合设计要求。 (2)施工中应检查孔位、孔深、孔径、水泥和土的配合比、混合料含水量等。 (3)施工结束应对桩体质量及复合地基承载力做检验,褥垫层应检查其夯填度。 (4)采用人工洛阳铲或螺旋钻机成孔时,按梅花形布置进行并及时成桩,以避免大面积成孔后再成桩,由于夯机自重和夯锤的冲击,地表水灌入孔内而造成塌孔。 (5)向孔内填料前,先夯实孔底虚土,采用二夯一填的连续成桩工艺。每根桩要求一气呵成,不得中断,防止出现松填或漏填现象。桩身密实度要求成桩 1 h 后,击数不小于 30 击,用轻便触探检查"检定击数"

(3)夯实水泥土桩复合地基施工中应注意的问题及主要技术文件见表1—73。

表1—73 夯实水泥土桩复合地基施工中应注意的问题及主要技术文件

项目	内 容
应注意的问题	夯实水泥土桩是将水泥和土在孔外充分拌和,在孔内分层夯实成桩,与柔性褥垫形成复合地基。

续上表

项目	内　容
应注意的问题	夯实水泥土桩与搅拌水泥土桩(浆喷、粉喷桩)的主要区别在于:搅拌水泥土桩桩体强度与现场土的含水量、土的类型密切相关,搅拌后桩体密度增加很少,桩体强度主要取决于水泥的胶结作用,由于地层的不均性,桩性强度也存在不均匀性。夯实水泥土桩水泥和土在孔外拌和,均匀性好,桩体强度以水泥的胶结作用为主,桩体密度增加也是构成桩体强度的重要分量,桩体强度是均匀的。 　　(1)检查水泥及夯实用土料的质量。水泥和土的配合比,混合料的含水量。 　　(2)控制水泥和土的拌和时间,使拌合物均匀,以保证强度要求。 　　(3)检查桩的孔位、孔深和孔径,且满足设计要求
主要技术文件	夯实水泥土桩复合地基分项工程需提供的技术文件包括: 　　(1)工程地质勘察报告、施工图、图纸会审纪要、设计变更单及材料代用通知单等; 　　(2)经审定的施工组织设计、施工方案及执行中的变更情况; 　　(3)地基承载力检测报告; 　　(4)原材料(水泥、夯实用土料)复试报告、施工试验如水泥和土配合比、混合料含水量等报告; 　　(5)施工记录、隐蔽工程检查记录

第十四节　砂桩地基

一、验收条文

砂桩地基的质量验收标准应符合表1—74的规定。

表1—74　砂桩地基的质量验收标准

项目	序号	检查项目	允许偏差或允许值		检查方法
			单位	数值	
主控项目	1	灌砂量	%	≥95	实际用砂量与计算体积比
	2	地基强度	设计要求		按规定方法
	3	地基承载力	设计要求		按规定方法
一般项目	1	砂料的含泥量	%	≤3	试验室测定
	2	砂料的有机质含量	%	≤5	焙烧法
	3	桩位	mm	≤50	用钢尺量
	4	砂桩标高	mm	±150	水准仪
	5	垂直度	%	≤1.5	经纬仪检查桩管垂直度

二、施工材料要求

选用级配好的中砂、粗砂和砂砾,粒径以 0.3～3 mm 为宜,且含泥量不宜大于 5%,在饱和土施工中,含水率达到最大,在非饱土中施工,含水率控制在 7%～9%。

三、施工工艺解析

(1)砂桩地基施工技术参数见表 1－75。

表 1－75 砂桩地基施工技术参数

项目	内 容
桩径	砂桩直径可根据成桩方法施工机械能力和置换率同时确定。在软弱黏性土中,尽量采用较大的直径,一般为 0.3～0.8 m
桩长	桩长的确定取决于加固土层的厚度,软弱土层的性能和工程要求,须通过计算确定,一般不超过 12 m,多在 8～20 m 之间,另外还可按下列原则确定: (1)当相对土层较硬且埋深不大时,砂桩可穿过软弱土层并达到硬层的顶面,以减少地基变形。 (2)当相对硬层埋深较大时,应控制好沉降量。 (3)当处于液化的饱和松散砂土时,按抗震处理深度确定。 (4)桩长一般不宜短于 4 m
桩孔布置	对大面积满堂处理的工程,桩位应取等边三角形布置;对于独立和条形基础,桩位应取正方形、矩形或等腰三角形布置;对于圆形或环形基础用放射性布置,如图 1－13 所示
桩距	砂石桩的间距应通过试验确定,对粉土和砂土地基,不宜大于砂桩直径的 4.5 倍;对黏性土地基不宜大于砂桩直径的 3 倍
基础底面	垫层设置砂桩施工结束后,基础底面应铺设 30～50 cm 厚的砂垫层或砂石垫层,且须分层铺设,用平板振捣压实。在地面很软,不能保证施工机械正常运行和操作时,可在砂桩施工前,铺设施工用的临时垫层,其厚度可视场地土质而定
加固深度	地基加固深度一般为 7～8 m,并应根据软弱土层的性质、厚度及建筑物设计要求按下列原则确定: (1)当地基中的松软土层厚度不大时,砂石桩宜穿过松软土层。 (2)当松软土层厚度较大时,桩长应根据建筑地基的允许变形值确定。 (3)对可液化砂层,桩长应穿透可液化层或按国家相关标准规定:应采用标准贯入试验判别法,在地面下 20 m 深度范围内的液化土应符合下式要求,当有成熟经验时,尚可采用其他判别方法。 $$N_{cr} = N_0 \beta \left[\ln(0.6d_s + 1.5) - 0.1d_w \right] \sqrt{3/\rho_c} \qquad (1-14)$$

续上表

项 目	内　　容
加固深度	式中　N_{cr}——液化判别标准贯入锤击数临界值； 　　　　N_0——液化判别标准贯入锤击数基准值，可按表 1—76 采用； 　　　　d_s——饱和土标准贯入点深度(m)； 　　　　d_w——地下水位(m)； 　　　　ρ_c——黏粒含量百分率，当小于 3 或为砂土时，应采用 3； 　　　　β——调整系数，设计地震第一组取 0.80，第二组取 0.95，第三组取 1.05
地基承载力	砂石桩复合地基的承载力标准值，应按现场复合地基载荷试验确定，也可通过下列方法确定： 　(1)对于砂石桩处理的复合地基，可按下式计算： $$f_{spk}=mf_{pk}+(1-m)f_{sk} \qquad (1-15)$$ $$f_{spk}=[1+m(n-1)]f_{sk} \qquad (1-16)$$ 式中　f_{spk}——振冲桩复合地基承载力特征值(kPa)； 　　　　f_{pk}——桩体承载力特征值(kPa)，宜通过单桩载荷试验确定； 　　　　f_{sk}——处理后桩间土承载力特征值(kPa)，宜按当地经验取值，如无经验时，可取天然地基承载力特征值； 　　　　m——桩土面积置换率； 　　　　d——桩身平均直径(m)； 　　　　n——桩土应力比，在无实测资料时，可取 2~4，原土强度低取大值，原土强度高取小值。 　(2)对于砂石桩处理的砂土地基，可根据挤密后砂土的密实状态，按国家标准《建筑地基基础设计规范》(GB 50007—2002)的有关规定确定

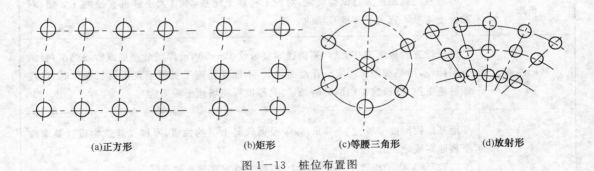

(a)正方形　　　　　　　(b)矩形　　　　　　(c)等腰三角形　　　　(d)放射形

图 1—13　桩位布置图

表 1—76　液化判别标准贯入锤击数基准值 N_0

设计基本地震加速度(g)	0.10	0.15	0.20	0.30	0.40
液化判别标准贯入锤击数基准值	7	10	12	16	19

(2)砂桩地基施工工艺见表 1—77。

表 1-77　砂桩地基施工工艺

项目		内　　容
振动成桩法施工		振动挤密砂桩的成桩工艺就是在打桩机的振动作用下,把带有底盖或排砂活瓣的套管打入规定的设计深度,套管入土后,挤密了套管周围的土体,然后投入砂子,排砂于土中,振动密实后成为砂桩,施工顺序如图 1-14 所示。 　　具体施工顺序如下: 　　(1)在地面上将套管位置确定好。 　　(2)开动振动机,将套管打入土中,如遇有坚硬难打的土层,可辅以喷气或射水助沉。 　　(3)将套管打入到预定的设计深度后,由料斗投入套管一定量的砂。 　　(4)将套管提升到一定高度,套管内的砂即被压缩空气排砂于土中。 　　(5)又将套管打入规定深度,并加以振动,使排出的砂振密,于是,砂再次挤压周围土体。 　　(6)再一次投砂于管内,将套管提升到一定的高度。 　　(7)如此重复多次,一直打到地面,即成为砂桩
锤击成桩法施工	双管法	双管法施工机械主要有蒸汽打桩机或柴油打桩机,底端开口的外管(套管)和底部封口的内管(芯管)履带式起重机及装砂石料斗等。 　　施工工艺同振动成桩法类似
	单管法	单管法的施工顺序是: 　　(1)桩靴闭合,桩管垂直就位。 　　(2)桩管沉入土层中至设计深度。 　　(3)用料斗向桩管内灌砂石,当砂石量太大时,分两次灌入;第一次灌入 2/3,待桩管从土层中提升一半长度后再灌入剩余的 1/3。 　　(4)按规定的提升速度提升拔出桩管,桩成

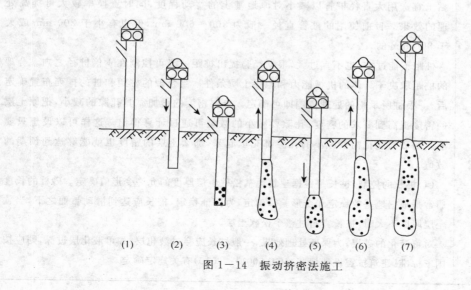

(1)　　(2)　　(3)　　(4)　　(5)　　(6)　　(7)

图 1-14　振动挤密法施工

（3）砂桩地基施工要求及验收见表1—78。

表1—78　砂桩地基施工要求及验收

项目	内　　容
施工要求	（1）砂桩的桩数、孔径、深度必须符合设计要求。 　（2）振动法施工时,控制好填砂石量、提升速度和高度、挤压次数和时间,电机的工作电流等,拔管速度为1～1.5 m/min,且振动过程不断以振动棒捣实管中砂子,使其更密实。 　（3）砂桩施工应从外围或两侧向中间进行。灌砂量应按桩孔的体积和砂在中密状态时的干密度计算（一般取2倍桩管入土体积）,其实际灌砂量（不包括水量）不得少于计算的95%,如发现砂量不足或砂桩中断等情况,可在原位进行复打灌砂
施工验收	砂桩法是指用简单机械通过振动或锤（冲）击作用把砂料灌入松软地层处理地基的方法。 　（1）材料控制。施工前检查砂料的含泥量及有机质含量是否符合设计要求。 　（2）核查机具的选用,各项参数是否满足施工要求,特别电机工作电源的变化。 　（3）检查砂桩的桩位、间距。砂桩孔位宜采用等边三角形或正方形布置。 　砂桩直径可采用300～800 mm,根据地基土质情况和成桩设备等因素确定。对饱和黏性土地基宜选用较大的直径。 　砂桩的间距应通过现场试验确定,但不宜大于砂桩直径的4倍。对于砂土地基,因靠砂桩的挤密提高桩周土的密度,所以采用等边三角形更有利,它使地基挤密较为均匀。对于软黏土地基,主要靠置换,因而选用任何一种均可。 　砂桩直径的大小取决于施工设备桩管的大小。小直径桩管挤密质量较均匀但施工效率低;大直径桩管需要较大的机械能量,工效高,采用过大的桩径,一根桩要承担的挤密面积大,通过一个孔要填入的砂料多,但不易使桩周土挤密均匀。对于软黏土宜选用大直径桩管以减小对原地基土的扰动程度,同时置换率较大可提高处理的效果。目前使用的桩管直径一般为300～600 mm,但也有小于200 mm或大于800 mm的。 　桩距不能过小,也不宜过大,根据经验提出桩距一般可控制在4倍桩径之内。合理的桩距取决于具体的机械能力和地层土质条件。当合理的桩距和桩的排列布置确定后,一根桩所承担的处理范围即可确定。土层密度的增加靠其孔隙的减小,把原土层的密度提高到要求的密度,孔隙要减小的数量可通过计算得出。这样可以设想只要灌入的砂料能把需要减小的孔隙都充填起来,那么土层的密度也就能够达到预期的数值。 　（4）桩长的控制:桩长是根据建筑地基松软土层厚度的允许变形值确定。砂桩的长度通常是根据地基的稳定和变形验算确定,为保证稳定,桩长应达到滑动弧面之下,当软土层厚度不大时,桩长宜超过整个松软土层。 　对可液化的砂层,为保证处理效果,一般桩长应穿过液化层,如可液化层过深,则应按国家标准《建筑抗震设计规范》(GB 50011—2010)有关规定确定

（4）砂桩地基施工中应注意的问题及主要技术文件见表1—79。

表1—79　砂桩地基施工中应注意的问题及主要技术文件

项目	内容
应注意的问题	（1）砂桩挤密地基的宽度应超出基础的宽度，每边放宽不应少于1～3排；砂桩用于防止砂层液化时，每边放宽不宜小于处理深度的1/2，并不应小于5 m。当可液化层上覆盖有厚度大于3 m的非液化层时，每边放宽不宜小于液化层厚度的1/2，并不应小于3 m。 （2）砂桩的施工，应选用与处理深度相适应的机械。可用的砂桩施工机械类型很多，除专用机械外还可利用一般的打桩机改装。砂桩机械主要可分为两类，即振动式砂桩机和锤击式砂桩机。 （3）施工前应进行成桩挤密试验，桩数为7～9根。如发现质量不能满足设计要求时，应调整桩间距、填砂量等有关参数，重新试验或改变设计。 （4）不同的施工机具及施工工艺用于处理不同的地层会有不同的处理效果。常遇到设计与具体情况不符合或者处理质量不能达到设计要求的情况，因此施工前在现场要进行成桩试验。 通过现场成桩试验检验设计要求和确定施工工艺及施工控制要求，包括填砂量、提升高度、挤压时间等。为了满足试验及检测要求，试验桩的数量应不少于7～9个。正三角形布置至少要7个（即中间1个周围6个）；正方形布置至少要9个（3排3列，每排每列各3个）。如发现问题应及时会同设计人员调整设计或改进施工。振动法施工应根据沉管和挤密情况，控制填砂量、提升高度和速度、挤压次数和时间、电机的工作电流等，以保证挤密均匀和桩身的连续性。施工中应选用适宜的桩尖结构，保证顺利出料和有效地挤密。 （5）锤击法施工有单管法和双管法两种，但单管法难以发挥挤密作用，因此常选用双管法。双管法的施工根据具体条件选定施工设备，也可以临时组配，并应根据锤击的能量，控制分段的填砂量和成桩的长度。 （6）以挤密为主的砂桩施工时，应间隔（跳打）进行，并由外侧向中间推进，以保证施工效果
主要技术文件	（1）工程地质勘察报告、施工图、图纸会审纪要、设计变更单及材料代用通知单等。 （2）经审定的施工组织设计、施工方案及执行中的变更情况。 （3）地基承载力检测报告。 （4）原材料（砂）复试报告、砂料的含泥量和有机物含量施工试验报告等。 （5）施工记录、隐蔽工程检查记录，包括桩位、砂桩标高、桩垂直度等

第二章　桩基础工程

第一节　静力压桩

一、验收条文

(1)锚杆静力压桩质量验收标准应符合表 2-1 的规定。

表 2-1　锚杆静力压桩质量验收标准

项目	序号	检查项目		允许偏差或允许值		检查方法
				单位	数值	
主控项目	1	桩体质量检验		按基桩检测技术规范		按基桩检测技术规范
	2	桩位偏差		见表 2-2		用钢尺量
	3	承载力		按基桩检测技术规范		按基桩检测技术规范
一般项目	1	成品桩质量	外观	表面平整,颜色均匀,掉角深度小于 10 mm,蜂窝面积小于总面积的 0.5%		直观
			外形尺寸	见表 2-17		见表 2-17
			强度	满足设计要求		查产品合格证书或钻芯试压
	2	硫黄胶泥质量(半成品)		设计要求		查产品合格证书或抽样送检
	3	接桩	电焊接桩	焊缝质量	见表 2-19		见表 2-19
				电焊结束后停歇时间	min	>1.0	秒表测定
			硫黄胶泥接桩	胶泥浇筑时间	min	<2	秒表测定
				浇筑后停歇时间	min	>7	秒表测定
	4	电焊条质量		设计要求		查产品合格证书
	5	压桩压力(设计有要求时)		%	±5	查压力表读数
	6	接桩时上下节平面偏差		mm	<10	用钢尺量
		接桩时节点弯曲矢高		mm	<1/1 000l	用钢尺量,l 为两节桩长
	7	桩顶标高		mm	±50	水准仪

（2）预制桩（钢桩）桩位的允许偏差值见表 2—2。

表 2—2　预制桩（钢桩）桩位的允许偏差值　　　　　　　　（单位：mm）

序号	项　目		允许偏差值
1	盖有基础梁的桩	垂直基础梁的中心线	$100+0.01H$
		沿基础梁的中心线	$150+0.01H$
2	桩数为 1～3 根桩基中的桩		100
3	桩数为 4～16 根桩基中的桩		1/2 桩径或边长
4	桩数大于 16 根桩基中的桩	最外边的桩	1/3 桩径或边长
		中间桩	1/2 桩径或边长

注：H 为施工现场地面标高与桩顶设计标高的距离。

二、施工材料要求

（1）硫黄胶泥的主要物理、力学性能指标见表 2—3。

表 2—3　硫黄胶泥的主要物理、力学性能指标

项目	内　容
物理性能	热变性：60℃以内强度无明显变化，120℃变为液态，140℃～145℃密度最大且和易性最好，170℃开始沸腾；超过 180℃开始焦化，且遇明火即燃烧。 容重：2.28～3.32 t/m³。 吸水率：0.12%～0.24%。 弹性模量：5×10^5 kPa。 耐酸性：常温下能耐盐酸、硫酸、磷酸、40%以下的硝酸、25%以下的铬酸、中等浓度乳酸和醋酸
力学性能	抗拉强度：4×10^3 kPa。 抗压强度：4×10^4 kPa。 握裹强度：与螺纹钢筋为 1.1×10^4 kPa，与螺纹孔混凝土为 4×10^3 kPa。 疲劳强度：对照混凝土的实验方法，当疲劳应力比值 P 为 0.38 时，疲劳修正系数 $\gamma > 0.8$

（2）钢桩的制作允许偏差见表 2—4。

表 2—4　钢桩的制作允许偏差

桩　型	项　目	允许偏差（mm）
钢筋混凝土 实心桩	横截面边长	±5
	桩顶对角线之差	≤5
	保护层厚度	±5
	桩身弯曲矢高	不大于 1‰桩长且不大于 20

续上表

桩 型	项 目	允许偏差(mm)
钢筋混凝土 实心桩	桩尖偏心	≤10
	桩端面倾斜	≤0.005
	桩节长度	±20
钢筋混凝土 管桩	直径	±5
	长度	±0.5%桩长
	管壁厚度	−5
	保护层厚度	$^{+10}_{-5}$
	桩身弯曲(度)矢高	1‰桩长
	桩尖偏心	≤10
	桩头板平整度	≤2
	桩头板偏心	≤2

三、施工工艺解析

(1)静力压桩施工工艺见表 2—5。

表 2—5　静力压桩施工工艺

项目	内 容
压桩机就位	施工前放好轴线和每一个桩位,在桩位中心打 1 根短钢筋,并涂上油漆使标志明显。经选定的压桩机进场行至桩位处,应按额定总重量配置压重,调整机架垂直度,并使桩机夹持钳口中心(可挂中心线锤)与地面上的"样桩"基本对准,调平压桩机,再次校核无误,将长步履(落地)受力。如在较软的场地施工,由于桩机的行走会挤走预定短钢筋,故当桩机大体就位之后要重新测定桩位
吊桩喂桩	静压预制桩每节长度一般在 13 m 以内,可直接用压桩机的工作吊机自行吊桩喂桩,也可以另配专门吊机进行吊桩喂桩。当桩被运至压桩机附近后,一般采用单点吊法起吊,用双千斤(吊绳)加小扁担(小横梁)的起吊方法使桩身竖起插入夹桩的钳口中。若采用硫黄胶泥接桩法,在起吊前应先检查浆锚孔的深度并将孔内杂物和积水清理干净
对中、调直	当预制桩被插入夹钳口中后,将桩徐徐下降直到桩尖离地面 10 cm 左右,然后夹紧桩身,微调压桩机使桩尖对准桩位,并将桩压入土中 0.5～1.0 m,暂停下压,从桩的两个正交侧面校正桩身垂直度,待桩身垂直度偏差小于 0.5%并使静力压桩机处于稳定状态时方可正式开压
压桩	(1)压桩过程中,桩帽、桩身和送桩的中心线应重合,应经常观察压力表,控制压桩阻力,调节桩机静力同步平衡,勿使偏心,检查压梁导轮和导笼的接触是否正常,防止卡住,并详细做好静力压桩工艺施工记录。桩在沉入时,应在桩的侧面设置标尺,根据静压桩机每一次的行程,记录压力变化情况。

续上表

项目	内 容
压桩	(2)压同一根桩,各工序应连续施工,并作好压桩施工记录。 (3)压桩顺序:应根据地形、土质和桩布置的密度决定。通常确定压桩顺序的基本原则是: 1)根据桩的密集程度及周围建(构)筑物的情况,按流水法分区考虑打桩顺序:若桩较密集,且距周围建(构)筑物较远、施工场地较开阔时,宜从中间向四周进行;若桩较密集、场地狭长、两端距建(构)筑物较远时,宜从中间向两端进行;若桩较密集,且一侧靠近建(构)筑物时,宜从毗邻建筑物的一侧开始由近及远地进行。 2)根据基础的设计标高,宜先深后浅。 3)根据桩的规格,宜先大后小,先长后短。 4)根据高层建筑主楼(高层)与裙房(低层)的关系,宜先高后低。 5)根据桩的分布状况,宜先群桩后单桩。 6)根据桩的打入精度要求,宜先低后高。 (4)压桩顺序确定后,应根据桩的布置和运输方便,确定压桩机是往后"退压",还是往前"顶压"。当逐排压桩时,推进的方向应逐排改变,对同一排桩而言,必要时可采用间隔跳压的方式。大面积压桩时,可从中间先压,逐渐向四周推进。分段压桩,可以减少对桩的挤动,在大面积压桩时较为适宜,如图2—1所示。 (5)压桩应连续进行,防止因压桩中断而引起间歇后压桩阻力过大,发生压不下去的现象。如果压桩过程中确实需要间歇,则应考虑将桩尖间歇在软弱土层中,以便启动阻力不致过大。 (6)压桩过程中,当桩尖碰到砂夹层而压不下去时,应以最大压力压桩,忽停忽开,使桩有可能缓缓下沉穿过砂夹层。如桩尖遇到其他硬物,应及时处理后方可再压
接桩	(1)焊接法接桩:接桩时,上节桩必须对准下节桩并垂直无误后,用点焊将角钢拼接、连接固定,再次检查位置正确后进行焊接。施焊时,应两人同时对角对称地进行,以防止节点变形不匀而引起桩身歪斜,焊缝要连续饱满,厚度必须满足设计要求。桩接头焊接完毕后,焊缝应在自然条件下冷却10 min以上方可继续压桩。接桩焊接应按隐蔽工程进行验收后方可进入下一道工序。焊接法接桩节点构造如图2—2所示。 (2)硫黄胶泥锚接法:施工时,将下节桩沉到桩顶距地面0.8～1.0 m(以施工方便为宜)处暂停沉桩,对下节桩的4只螺纹孔进行清洗,除去孔内杂物、油污和积水,同时对上节桩的锚筋进行清洗并调直,然后运送到桩架处。桩架将上节桩按要求吊起并垂直对准下节桩,使4根钢筋插入筋孔(直径为锚接筋直径的2.5倍),下落压梁并套住桩顶,然后将上节桩和压梁同时上升约200 mm(以4根锚筋不脱离锚筋孔为度)。此时,安设好施工夹箍(由4块木板,内侧用人造革包裹40 mm厚的树脂海绵块而成),将溶化的硫黄胶泥注满锚筋孔内,并使之溢出铺满下节桩顶面,然后将上节桩和压梁同时徐徐下落,使上下节桩端面紧密粘合。灌注时间不得超过2 min,灌注后停歇时间应符合表2—6的要求。胶泥试块每班不得少于1组。 当硫黄胶泥冷却并拆除施工夹箍后,即可继续加荷施压。硫黄胶泥锚接法接桩节点构造如图2—3所示

续上表

项 目	内 容
送桩或截桩	静压桩的送桩可利用现场的预制桩段作送桩器来进行。施压预制桩最后一节桩的桩顶面达地面以上 1.5 m 左右时,应再吊一节桩放在被压的桩顶面(不要将接头连接),一直将被压桩的顶面下压入土层中直至符合终压控制条件为止,然后将最上面的一节桩拔出来即可。但大吨位(≥4 000 kN)的压桩机,由于最后的压桩力和夹桩力均很大,有可能将桩身混凝土夹碎,所以不宜用预制桩作送桩器,而应制作专用的钢质送桩器。送桩器或作送桩器用的预制钢筋混凝土方桩侧面应标出尺寸线,便于观察送桩深度。如果桩顶高出地面一段距离,而压桩力已达到规定值进则要截桩,以便压桩机移位
终止压桩	(1)对于摩擦桩,应按设计桩长控制;但最初几根试压桩,施压 24 h 后应用桩的设计极限承载力作终压力进行复压,复压不动才可正式施工。 (2)对于端承摩擦桩或摩擦端承,应按终压力值进行控制: 1)对于桩长大于 21 m 的端承摩擦桩,终压力值一般取桩的设计极限承载力。当桩周土为黏性土且灵敏性较高时,终压力值可按设计极限承载力的 0.8~0.9 倍取值。 2)当桩长小于 21 m 且大于 14 m 时,终压力按设计极限承载力 1.1~1.4 倍取值;或桩的设计极限承载力取终压力值的 0.7~0.9 倍。 3)当桩长小于 14 m 时,终压力按设计极限承载力 1.4~1.6 倍取值;或设计极限承载力取终压力值 0.6~0.7 倍,其中对于小于 8 m 的超短桩,按 0.6 倍取值。 (3)超载压桩时,一般不宜采用满载连续复压法,但在必要时可以进行复压,复压的次数不宜超过 2 次,且每次稳压时间不宜超过 10 s
桩身接头	(1)接头数量:一般情况下,预制桩的接头不宜超过 2 个,预应力管桩接头数量不宜超过 4 个。 (2)接头形式:主要采用硫黄胶泥锚固接头;当桩很长时,也有在地面以下第一个接头采用焊接形式

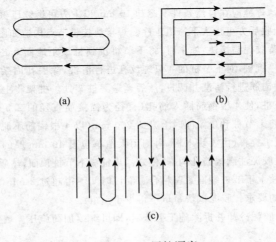

(a)   (b)

(c)

图 2—1 压桩顺序

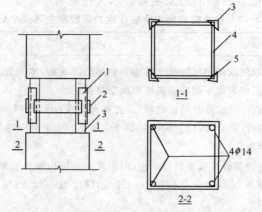

图 2—2 焊接法接桩节点构造(单位:mm)

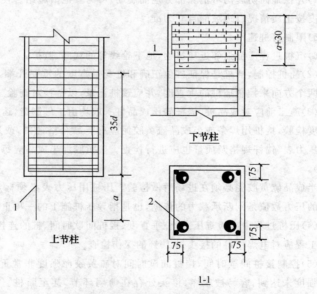

图 2—3 硫黄胶泥锚接法接桩节点构造(单位:mm)
1—锚筋;2—锚筋孔

表 2—6 硫黄胶泥灌注后的停歇时间

序号	桩截面(mm)	不同气温下的停歇时间(min)									
		0℃～10℃		11℃～20℃		21℃～30℃		31℃～40℃		41℃～50℃	
		打桩	压桩	打桩	压桩	打桩	压桩	打桩	压桩	打桩	压桩
1	400×400	6	4	8	5	10	7	13	9	17	12
2	450×450	10	6	12	7	14	9	17	11	21	14
3	500×500	13	—	15	—	18	—	21	—	24	—

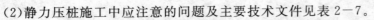

（2）静力压桩施工中应注意的问题及主要技术文件见表2—7。

表 2—7 静力压桩施工中应注意的问题及主要技术文件

项 目	内 容
应注意的问题	（1）为避免或减小沉桩挤土效应和对邻近建筑物、地下管线等的影响，施工大面积密集桩群时，可采取下列辅助措施对质量控制： 1）预钻孔沉桩，孔径约比桩径（或方桩对角线）小 50～100 mm，深度视桩距和土的密实度、渗透性而定，深度宜为桩长的 1/3～1/2，施工时应随钻随打；桩架宜具备钻孔锤击双重性能。 2）设置袋装砂井或塑料排水板，以消除部分超孔隙水压力，减少挤土现象。袋装砂井直径一般为 70～80 mm，间距 1～1.5 m，深度 10～12 m；塑料排水板深度、间距与袋装砂井相同。 3）设置隔离板桩或地下连续墙。 4）开挖地面防震沟可消除部分地面震动，可与其他措施结合使用，沟宽 0.5～0.8 m，深度按土质情况以边坡能自立为准。 5）限制打桩速率。 6）沉桩过程应加强邻近建筑物，地下管线等的观测、监护。 （2）插桩控制，插桩是保证桩位正确和桩身垂直度的重要开端，插桩应用两台经纬仪从两个方向来控制插桩的垂直度，并应逐桩记录，以备核对查验。 （3）施工前应对成品桩（锚杆静压成品桩一般均由工厂制造，运至现场堆放）做外观及强度检验，接桩用焊条或半成品硫黄胶泥应有产品合格证书，或送有关部门检验，压桩用压力表、锚杆规格及质量也应进行检查。硫黄胶泥半成品应每 100 kg 做一组试件（3件）。 半成品硫黄胶泥必须在进场后做检验。压桩用压力表必须标定合格方能使用，压桩时的压力数值是判断承载力的依据，也是指导压桩施工的一项重要参数。 （4）压桩过程中应检查压力、桩垂直度、接桩间歇时间、桩的连接质量及压入深度。重要工程应对电焊接桩的接头做 10% 的探伤检查。 （5）控制接桩间歇时间，接桩间歇时间对硫黄胶泥强度非常重要，间歇过短，硫黄胶泥强度未达到，容易被压坏，接头处存在薄弱环节，甚至断桩。浇筑硫黄胶泥时间必须短，时间长了硫黄胶泥会在容器内结硬，浇筑入连接孔内不易均匀流淌，质量也不易保证
主要技术文件	（1）工程地质勘察报告、桩基施工图、图纸会审纪要、设计变更单及材料代用通知单等。 （2）经审定的施工组织设计、施工方案及执行中的变更情况。 （3）桩位测量放线图，包括工程桩位线复核签证单。 （4）成桩质量检查报告。 （5）单桩承载力检测报告。 （6）基坑挖至设计标高的基桩竣工平面图及桩顶标高图。 （7）原材料复试报告、施工试验报告等资料。 （8）施工记录、隐蔽工程检查记录

第二节　先张法预应力管桩

一、验收条文

先张法预应力管桩的质量验收标准应符合表 2—8 的规定。

表 2—8　先张法预应力管桩质量验收标准

项目	序号	检查项目		允许偏差或允许值		检查方法
				单位	数值	
主控项目	1	桩体质量检验		按基桩检测技术规范		按基桩检测技术规范
	2	桩位偏差		见表 2—2		用钢尺量
	3	承载力		按基桩检测技术规范		按基桩检测技术规范
一般项目	1	成品桩质量	外观	无蜂窝、露筋、裂缝、色感均匀、桩顶处无孔隙		直观
			桩径	mm	±5	用钢尺量
			管壁厚度	mm	±5	用钢尺量
			桩尖中心线	mm	<2	用钢尺量
			顶面平整度	mm	10	用水平尺量
			桩体弯曲	—	<1/1 000l	用钢尺量，l 为桩长
	2	接桩	焊缝质量	见表 2—18		见表 2—18
			电焊结束后停歇时间	min	>1.0	秒表测定
			上下节平面偏差	min	<10	用钢尺量
			节点弯曲矢高	—	<1/1 000l	用钢尺量，l 为两节桩长
	3	停锤标准		设计要求		现场实测或查沉桩记录
	4	桩顶标高		mm	±50	水准仪

二、施工材料要求

施工材料要求见表 2—9。

表 2—9   施工材料要求

项目	内容
管桩的分类及混凝土强度等级	管桩按混凝土强度等级分为预应力混凝土管桩和预应力高强混凝土管桩。预应力混凝土管桩代号为 PC,预应力高强混凝土管桩的代号为 PHC。管桩按外径分为 300 mm、350 mm、400 mm、450 mm、500 mm、550 mm、600 mm、800 mm 和1 000 mm等规格,按管桩的抗弯性能或混凝土有效预压应力值分为 A 型、AB 型、B 型和 C 型。管桩的抗弯性能应进行抗裂及极限弯矩试验;A 型、AB 型、B 型和 C 型管桩的混凝土有效预应力值分别为 4.0 N/mm²、6.0 N/mm²、8.0 N/mm² 和 10.0 N/mm²,其计算值应在各自规定值的±5%范围内。 预应力混凝土管桩用混凝土强度等级不得低于 C50,预应力高强混凝土管桩用混凝土强度等级不得低于 C80。放张预应力筋时,预应力混凝土管桩的混凝土抗压强度不得低于 35 MPa,预应力高强混凝土管桩的混凝土抗压强度不得低于 40 MPa
水泥	水泥应采用强度不低于 52.5 级的硅酸盐水泥等水泥
集料	细集料宜采用洁净的天然硬质中粗砂,细度模数为 2.3～3.4,其质量应符合《建设用砂》(GB/T 14684—2011)的规定。 粗集料应采用碎石,其最大粒径应不大于 25 mm,且应不超过钢筋净距的 3/4,其质量应符合《建设用卵石、碎石》(GB/T 14685—2011)的规定

三、施工工艺解析

(1)先张法预应力管桩施工工艺见表 2—10。

表 2—10   先张法预应力管桩施工工艺

项目	内容
测量定位	(1)根据设计图纸编制工程桩测量定位图,并保证轴线控制点不受打桩时振动和挤土的影响,保证控制点的准确性。 (2)根据实际打桩线路图,按施工区域划分测量定位控制网,一般一个区域内根据每天施工进度放样 10～20 根桩位,在桩位中心点地面上打入一支 $\phi6.5$ mm 长约 30～40 cm 的钢筋,并用红油漆标示。 (3)桩机移位后,应进行第二次核样,核样根据轴线控制网点所标示工程桩位坐标点(x、y 值),采用极坐标法进行核样,保证工程桩位偏差值小于 10 mm,并以工程桩位点中心,用白灰按桩径大小画一个圆圈,以方便插桩和对中。 (4)工程桩在施工前,应根据施工桩长在匹配的工程桩身上划出以米为单位的长度标记,并按从下至上的顺序标明桩的长度,以便观察桩入土深度及记录每米沉桩锤击数

续上表

项目	内　　容
桩机就位	（1）为保证打桩机下地表土受力均匀，防止不均匀沉降，保证打桩机施工安全，采用厚度约 2～3 cm 厚的钢板铺设在桩机履带板下，钢板宽度比桩机宽 2 m 左右，保证桩机行走和打桩的稳定性。 （2）桩机行走时，应将桩锤放置于桩架中下部以桩锤导向脚不伸出导杆末端为准。 （3）根据打桩机桩架下端的角度计初调桩架的垂直度，并用线坠由桩帽中心点吊下与地上桩位点处对中
管桩起吊、对中和调直	（1）管桩应由起重机将桩转运至打桩机导轨前，管桩单节长小于或等于 20 m 转运采用专用吊钩钩住两端内壁直接进行水平起吊，两点钩吊法如图 2—4 所示。管桩单节长大于 20 m 应采用四点吊法转运，吊点位置如图 2—5 所示。管桩摆放宜采用两点支法如图 2—6 所示。 （2）管桩摆放平稳后，在距管桩端头 0.21L（L 为桩距）处，将捆桩钢丝绳套牢，一端拴在打桩机的卷扬机主钩上，另一端钢丝绳挂在起重机主钩上，打桩机主卷扬向上先提桩，起重机在后端辅助用力，使管桩与地面基本成 45°～60°角向上提升，将管桩上口喂入桩帽内，将起重机一端钢丝绳松开取下，将管桩移至桩位中心。 （3）对中：管桩插入桩位中心后，先用桩锤自重将桩插入地下 30～50 cm，桩身稳定后，调正桩身、桩锤、桩帽的中心线重合，使之与打入方向成一直线。 （4）调直：用经纬仪（直桩）和角度计（斜桩）测定管桩垂直度和角度。经纬仪应设置在不受打桩打移动和打桩作业影响的位置，保证两台经纬仪与导轨成正交方向进行测定，使插入地面时桩身的垂直偏差不得大于 0.5%
打桩	（1）打第一节桩时必须采用桩锤自重或冷锤（不挂挡位）将桩徐徐打入，直至管桩沉到某一深度不动为止，同时用仪器观察管桩的中心位置和角度，确认无误后，再转为正常施打，必要时，宜拔出重插，直至满足设计要求。 （2）正常打桩宜采用重锤低击。 （3）打桩顺序应根据桩的密集程度及周围建（构）筑物的关系： 1）若桩较密集且距周围建（构）筑物较远，施工场地开阔时宜从中间向四周进行。 2）若桩较密集场地狭长，两端距建（构）筑物较远时，宜从中间向两端进行。 3）若桩较密集且一侧靠近建（构）筑物时，宜从毗邻建（构）筑物的一侧开始，由近及远地进行。 4）根据桩入土深度，宜先长后短。 5）根据管桩规格，宜先大后小。 6）根据高层建筑塔楼（高层）与裙房（低层）的关系，宜先高后低
接桩	（1）当管桩需接长时，接头个数不宜超过 3 个且尽量避免桩尖落在厚黏性土层中接桩。 （2）管桩接桩，采用焊接接桩，其入土部分桩段的桩头宜高出地面 0.5～1.0 m。 （3）下节桩的桩头处宜设导向箍以方便上节桩就位，接桩时上下节桩应保持顺直，中心线偏差不宜大于 2 mm，节点弯曲矢高不得大于 1‰桩长。

续上表

项目	内　　容
接桩	（4）管桩对接前，上下端板表面应用钢丝刷清理干净，坡口处露出金属光泽，对接后，若上下桩接触面不密实，存有缝隙，可用厚度不超过 5 mm 的钢片嵌填，达到饱满为止，并点焊牢固。 （5）焊接时宜由三个电焊工在成 120°角的方向同时施焊，先在坡口圆周上对称点焊 4～6 点，待上下桩节固定后拆除导向箍再分层施焊，每层焊接厚度应均匀。 （6）焊接层数不得少于三层，采用普通交流焊机的手工焊接时第一层必须用 ϕ3.2 mm 电焊条打底，确保根部焊透，第二层方可用粗电焊条（ϕ4 mm 或 ϕ5 mm）施焊；采用自动及半自动保护焊机的应按相应规程分层连续完成。 （7）焊接时必须将内层焊渣清理干净后再焊外一层，坡口槽的电焊必须满焊，电焊厚度宜高出坡口 1 mm，焊缝必须每层检查，焊缝应饱满连续，不宜有夹渣、气孔等缺陷，满足《钢结构工程施工质量验收规范》（GB 50205—2001）中二级焊缝的要求。 （8）焊接完成后，需自然冷却不少于 1 min 后才可继续锤击，夏天施工时温度较高，可采用鼓风机送风，加速冷却，严禁用水冷却或焊好即打。 （9）对于抗拔及高承台桩，其接头焊缝外露部分应作防锈处理
送桩	（1）根据设计桩长接桩完成并正常施打后，应根据设计及试打桩时确定的各项指标来控制是否采取送桩。 （2）送桩前应保证桩锤的导向脚不伸出导杆末端，管桩露出地面高度宜控制在 0.3～0.5 m。 （3）送桩前在送桩器上以米为单位，并按从下至上的顺序标明长度，由打桩机主卷扬吊钩采用单点吊法将送桩器喂入桩帽。 （4）在管桩顶部放置桩垫，厚薄均匀，将送桩器下口套在桩顶上，采用仪器调正桩锤、送桩器和桩三者的轴线在同一直线上。 （5）送桩完成后，应及时将空孔回填密实

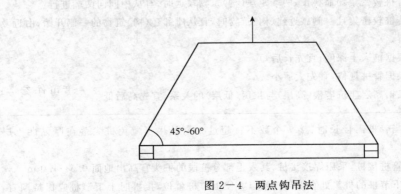

图 2—4　两点钩吊法

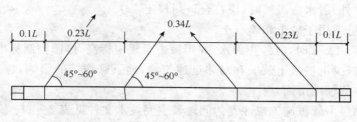

图 2—5 吊点位置

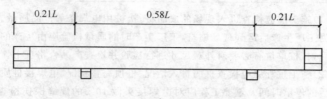

图 2—6 两点支法

（2）先张法预应力管桩施工要求。

1）沉桩前必须处理架空（高压线）和地下障碍物，场地应平整，排水应畅通，并满足打桩所需的地面承载力。

2）桩锤的选用应根据地质条件、桩型和桩的密集程度、单桩竖向承载力及现有施工条件等决定。

3）桩打入时应符合下列规定：

①桩帽或送桩帽与桩周围的间隙应为 5～10 mm；

②锤与桩帽，桩帽与桩之间应加设弹性衬垫，如硬木、麻袋和草垫等；

③桩锤、桩帽或送桩应和桩身在同一中心线上；

④桩插入时的垂直度偏差不得超过 0.5%。

4）打桩顺序应按下列规定执行：

①对于密集桩群，自中间向两个方向或向四周对称施打；

②当一侧毗邻建筑物时，由毗邻建筑物处向另一方向施打；

③根据基础的设计标高，宜先深后浅；

④根据桩的规格，宜先大后小，先长后短。

5）桩停止锤击的控制原则如下：

①桩端（指桩的全断面）位于一般土层时，以控制桩端设计标高为主，贯入度可作参考；

②桩端达到坚硬、硬塑的黏性土、中密以上粉土、砂土、碎石类土或风化岩时，以贯入度控制为主，桩端标高可作参考。

③贯入度已达到而桩端标高未达到时，应继续锤击 3 阵；按每阵 10 击的贯入度不大于设计规定的数值加以确认，必要时施工控制贯入度应通过试验与有关单位协商确定。

6）当遇到贯入度剧变，桩身突然发生倾斜、移位或有严重回弹，桩顶或桩身出现严重裂缝、破碎等情况时，应暂停打桩，并分析原因，采取相应措施。

7)当采用内(外)射水法沉桩时,应符合下列规定:

①水冲法打桩适用于砂土和碎石土;

②水冲至最后 12 m 时,应停止射水,并用锤击至规定标高,停锤控制标准可同上。

8)为避免或减少沉桩挤土效应和对邻近建筑物、地下管线等的影响,施打大面积密集桩群时,可采取相应的辅助措施。

(3)先张法预应力管桩施工应注意的问题及主要技术文件见表 2—11。

表 2—11　先张法预应力管桩施工应注意的问题及主要技术文件

项目	内　　　容
应注意的问题	(1)施工前应检查进入现场的成品桩,接桩用电焊条等产品质量。先张法预应力管桩均为工厂生产后运到现场施打,工厂生产时的质量检验应由生产的单位负责,但运入工地后,打桩单位有必要对外观尺寸进行检验并检查产品合格证书。 (2)施工过程中应检查桩的贯入情况、桩顶完整状况、电焊接桩质量、桩体垂直度和电焊后的停歇时间。重要工程应对电焊接头做 10% 的焊缝探伤检查。先张法预应力管桩,强度较高,锤击性能比一般混凝土预制桩好,抗裂性强。因此,总的锤击数较高,相应的电焊接桩质量要求也高,尤其是电焊后有一定间歇时间,不能焊完即锤击,这样容易使接头损伤。为此,对重要工程应对接头做 X 光拍片检查
主要技术文件	(1)工程地质勘察报告、桩基施工图、图纸会审纪要、设计变更单及材料代用通知单等。 (2)经审定的施工组织设计、施工方案及执行中的变更情况。 (3)桩位测量放线图,包括工程桩位线复核签证单。 (4)成桩质量检查报告。 (5)单桩承载力检测报告。 (6)基坑挖至设计标高的基桩竣工平面图及桩顶标高图。 (7)原材料复试报告、施工试验报告等资料。 (8)施工记录、隐蔽工程检查记录

第三节　混凝土预制桩

一、验收条文

(1)预制桩钢筋骨架质量验收标准见表 2—12。

表 2—12　预制桩钢筋骨架质量验收标准　　　　　　　(单位:mm)

项目	序号	检查项目	允许偏差或允许值	检查方法
主控项目	1	主筋距桩顶距离	±5	用钢尺量
	2	多节桩锚固钢筋位置	5	用钢尺量
	3	多节桩预埋铁件	±3	用钢尺量
	4	主筋保护层厚度	±5	用钢尺量

项目	序号	检查项目	允许偏差或允许值	检查方法
一般项目	1	主筋间距	±5	用钢尺量
	2	桩尖中心线	10	用钢尺量
	3	箍筋间距	±20	用钢尺量
	4	桩顶钢筋网片	±10	用钢尺量
	5	多节桩锚固钢筋长度	±10	用钢尺量

（2）钢筋混凝土预制桩的质量验收标准应符合表2—13的规定。

表2—13 钢筋混凝土预制桩的质量验收标准

项目	序号	检查项目	允许偏差或允许值		检查方法
			单位	数值	
主控项目	1	桩体质量检验	按基桩检测技术规范		按基桩检测技术规范
	2	桩位偏差	见表2—2		用钢尺量
	3	承载力	按基桩检测技术规范		按基桩检测技术规范
一般项目	1	砂、石、水泥、钢材等原材料（现场预制时）	符合设计要求		查出厂质保文件或抽样送检
	2	混凝土配合比及强度（现场预制时）	符合设计要求		检查称量及查试块记录
	3	成品桩外形	表面平整，颜色均匀，掉角深度<10 mm,蜂窝面积小于总面积0.5%		直观
	4	成品桩裂缝（收缩裂缝或起吊、装运、堆放引起的裂缝）	深度<20 mm,宽度<0.25 mm,横向裂缝不超过边长的一半		裂缝测定仪,该项在地下水有侵蚀地区及锤击数超过500击的长桩不适用
	5	成品桩尺寸 横截面边长	mm	±5	用钢尺量
		桩顶对角线差	mm	<10	用钢尺量
		桩尖中心线	mm	<10	用钢尺量
		桩身弯曲矢高	—	<1/1 000l	用钢尺量,l为桩长
		桩顶平整度	mm	<2	用钢尺量

82 建筑地基与基础工程

续上表

项目	序号	检查项目		允许偏差或允许值		检查方法
				单位	数值	
一般项目	6	电焊接桩	焊缝质量	见表2—18		见表2—18
			电焊结束后停歇时间	min	>1.0	秒表测定
			上下节平面偏差	min	<1.0	用钢尺量
			节点弯曲矢高	—	<1/1 000l	用钢尺量，l为两节桩长
	7	硫黄胶泥接桩	胶泥浇筑时间	min	<2	秒表测定
			浇筑后停歇时间	min	>7	秒表测定
	8	桩顶标高		mm	±50	水准仪
	9	停锤标准		设计要求		现场实测或查沉桩记录

二、施工工艺解析

(1)混凝土预制桩现场制桩工艺见表2—14。

表2—14 混凝土预制桩现场制桩工艺

项目	内容
钢筋笼加工	(1)钢筋矫直与下料:埋设地锚,将箍筋用卷扬机矫直,减少的钢筋截面积要小于5%。采用切断机或切割机,按图纸要求标划好的尺寸对主筋及箍筋下料,各种钢筋下料尺寸须准确。主筋采用对焊时,要考虑闪光对焊耗余量。 (2)主筋对焊:根据钢筋直径和对焊机容量可采用连续闪光焊、预热闪光焊、闪光—预热闪光焊等。主筋下料尺寸应充分考虑预留量。将钢筋头部的150 mm范围内的铁锈、污泥等清除,安放时使钢筋的轴线一致,然后对焊,对焊结束后,待接头由红色变为黑色时,松开夹具,将钢筋平稳取出。 (3)箍筋加工:利用弯曲机进行加工。首先确定间距,而后在工作台(弯曲机平台)上按各段尺寸要求,设置若干标志,按标志要求操作,逐段弯折,并随时与图集要求进行对照,使其符合图集要求。对桩两端的加密箍筋均采用点焊焊成封闭箍。 (4)网片与骨架制作:将矫直好的钢筋按照图集图纸要求放在预制的模子上,用电弧焊或电阻点焊焊成网片。将桩尖弯曲成形的主筋放在模具上,采用双面搭接焊法将其焊接成骨架。 (5)布放箍筋与主筋绑扎:将焊好的骨架安放在操作架上,按图纸要求量距并进行标记,箍筋按划好的位置放好。把箍筋和主筋用铁丝绑扎牢固,相邻绑扎点的铁丝呈八字形,绑好外环后再绑内环,穿入副筋按上述方法进行绑扎。 (6)网片安装:将成形的网片与桩顶钢筋帽按尺寸垂直安入骨架内,用铁丝绑扎牢固。

续上表

项目	内　　容
钢筋笼加工	(7)钢帽焊制：需要接桩时，钢板按图集要求尺寸下好料后，焊接成型，然后焊到上段骨架底部和下段骨架顶部
混凝土浇筑成桩	(1)场地平整、底模制作与抹刷隔离剂：将预制场地整平夯实。在现场制作时，一般可提前铺设厚约 10 cm 的 C20 混凝土硬化地面，待混凝土具备一定强度后充当底模；也可采用砖铺设顶部砂浆抹平充当底模。在制桩场地上，均匀地抹刷隔离剂，晒干后，铺上塑料薄膜。 (2)骨架安放：将成形骨架平直摆到底模上，对好桩顶及桩尖的位置，骨架与底模之间垫上提前预制好的水泥砂浆垫块，以确保主筋保护层厚度。 (3)模板加工：每块模板长度不应少于 5 m，模板宽度和桩边长一致，桩尖处模板按桩尖形状制作成型，桩顶处模板应与桩边长一致，模板表面刨平接头对齐后进行钉装成型，制作好的模板须有一定刚度，且拼缝紧密，不得漏浆，再在其内侧铺设钉装模板布，用钉子加固好。亦可直接利用钢模板。 (4)模板支护：将成形的模板对齐，夹到安放好的钢筋笼两侧，模板内用等桩边长的木条，每隔 2 m 设 1 个支撑控制支模宽度，挂上施工线调整钢筋骨架与模板的相对位置，并放好垫块，保证保护层厚度，检查支模的平整及有无漏浆现象，并随时调整，最后紧好模板夹，在预留孔处安装铁管完成支模。支模须牢固无变形，拼缝处不得漏浆。 (5)混凝土搅拌、浇筑与振捣：严格按配合比上料，计算出每盘料的加料量，平均分配后准确地按计算值称出每车的上料量，先加石子，然后加砂子、水泥和 NC 早强剂。混凝土搅拌时间应大于或等于 3 min。混凝土坍落度控制在 3～5 cm。每台班须制作试块不少于 1 组。浇筑时，由桩顶到桩尖方向依次进行上料，整个浇筑过程必须连续，不得中断。为增强混凝土的密实性，采用插入式振动器，由桩顶向桩尖呈行列式依次振捣，每次振捣时间为 20～30 s，每次移动距离不大于 40 cm，直至桩尖，并对桩顶、桩尖加强振捣。将桩上表面压实抹平。 (6)拆模与养护：成桩后，当桩达到一定强度后，开始拆模，由桩顶开始向桩尖过渡，小心拆卸，模板拆除后用清水及时冲刷干净。木模板拆模时间一般不宜少于 2 h，钢模板不宜少于 12 h。拆模后，用塑料布将桩体覆盖严密进行保湿，并加盖草帘子保温。若夏季施工，要按时浇水养护，若冬期施工，可采用蒸汽养护

(2)混凝土预制桩沉桩施工工艺见表 2—15。

表 2—15　混凝土预制桩沉桩施工工艺

项目	内　　容
定位放线	将基准点设在施工场地外，并用混凝土加以固定保护，依据基准点利用全站仪或钢尺配合经纬仪测量放线，桩位测量放线误差控制在 20 mm 以内，放线经自检合格，报监理和建设单位联合验收合格后方可施工
标高确定	根据基准点±0.000 位置，以水准仪按区域测量场地地面高程，并换算出桩入土深度
确定施工顺序	由施工场地中间向两个方向或四周对称施打，或由毗邻建筑物的一侧向另一侧施工。还应遵循先深后浅，先大后小，先长后短的原则确定施工顺序

续上表

项目	内　　容
桩机就位	打桩机就位后,检查桩机的水平度及导杆的垂直度,桩机须平稳,控制导杆垂直度小于 0.5%。通过基准点或相邻桩位校验桩位,确保对位误差不超过 20 mm
吊桩就位	用副钩吊桩,根据桩长选择合适的吊点将桩起吊,并使其垂直对准桩位,将桩帽徐徐松下套在桩顶,解除吊钩,检查并使桩锤、桩帽和桩身在同一直线上,然后慢慢将桩插土中
校正垂直度	用两台经纬仪或垂球从两个角度检查桩的垂直度,并及时纠正,确保桩垂直度偏差小于 0.5%
开锤打桩	松绳将锤吊起,再拉动绳子使锤钩脱离,锤自由下落,开动打桩锤,开始控制油门处于很小的位置,待桩入土一定深度稳定后,逐渐加大油门按要求落距沉桩,最大落距控制一般不超过 2～3 m。操作手控制好油门大小,始终保持锤的跳动正常
接桩	下段桩送至离地表约 1 m 处,停止打桩,然后将上段桩吊好,采用锚接法或焊接法进行接桩。接桩时将上下两节对齐,控制好上下两节中心线偏差小于 5 mm,弯曲不得大于桩长的 0.1%
停锤	采取控制贯入度和控制标高双控的方法确定停锤标准。当控制贯入度为主时,控制最后 10 击贯入度 3～5 cm;控制桩顶标高为主时,控制其偏差在 ±50 mm 之内

　　(3)混凝土预制桩施工中应注意的问题及主要技术文件见表 2—16。

表 2—16　混凝土预制桩施工中应注意的问题及主要技术文件

项目	内　　容
应注意的问题	(1)核查预制桩出场报告,检查桩外观质量、混凝土桩 28 d 强度报告。 　　(2)对长桩或总锤击数超过 500 击的锤击桩,应符合桩体强度及 28 d 龄期的两项条件才能锤击。 　　(3)桩在现场预制时,应对原材料、钢筋骨架和混凝土强度进行检查。 　　(4)施工中注意做好桩垂直度、沉桩情况和接桩的施工记录
主要技术文件	(1)工程地质勘察报告、桩基施工图、图纸会审纪要、设计变更单及材料代用通知单等。 　　(2)经审定的施工组织设计、施工方案及执行中的变更情况。 　　(3)桩位测量放线图,包括工程桩位线复核签证单。 　　(4)成桩质量检查报告。 　　(5)单桩承载力检测报告。 　　(6)基坑挖至设计标高的基桩竣工平面图及桩顶标高图。 　　(7)原材料复试报告、施工试验报告等资料。 　　(8)施工记录、隐蔽工程检查记录

第四节 钢 桩

一、验收条文

钢桩施工质量验收标准应符合表2—17和表2—18的规定。

表2—17 成品钢桩质量验收标准

项目	序号	检查项目		允许偏差或允许值		检查方法
				单位	数值	
主控项目	1	钢桩外径或断面尺寸	桩端	—	$\pm 0.5\%D$	用钢尺量，D为外径或边长
			桩身		$\pm 1D$	
	2	矢高		—	$<1/1\,000l$	用钢尺量，l为桩长
一般项目	1	长度		mm	$+10$	用钢尺量
	2	端部平整度		mm	$\leqslant 2$	用水平尺量
	3	H型钢桩的方正度	$h>300$	mm	$T+T'\leqslant 8$	用钢尺量，h、T、T'见下图示
			$h<300$	mm	$T+T'\leqslant 6$	
	4	端部平面与桩中心线的倾斜值		mm	$\leqslant 2$	用水平尺量

表2—18 钢桩施工质量检验标准

项目	序号	检查项目			允许偏差或允许值		检查方法
					单位	数值	
主控项目	1	桩位偏差			见表2—2		用钢尺量
	2	承载力			按基桩检测技术规范		按基桩检测技术规范
一般项目	1	电焊接桩焊缝	上下节端部错口	外径≥700 mm	mm	$\leqslant 3$	用钢尺量
				外径<700 mm	mm	$\leqslant 2$	用钢尺量

续上表

项目	序号	检查项目	允许偏差或允许值		检查方法
			单位	数值	
一般项目	1	电焊接桩焊缝 焊缝咬边深度	mm	≤0.5	焊缝检查仪
		焊缝加强层高度	mm	2	焊缝检查仪
		焊缝加强层宽度	mm	2	焊缝检查仪
		焊缝电焊质量外观	无气孔,无焊瘤,无裂缝		直观
		焊缝探伤检验	满足设计要求		按设计要求
	2	电焊结束后停歇时间	min	>1.0	秒表测定
	3	节点弯曲矢高	—	<1/1 000l	用钢尺量,l 为两节桩长
	4	桩顶标高	mm	±50	水准仪
	5	停锤标准	设计要求		用钢尺量或沉桩记录

二、施工材料要求

施工材料要求,见表 2—19。

表 2—19 施工材料要求

项目	内　容
钢材	国产低碳钢(HPB235 钢),加工前必须具备钢材合格证和试验报告
进口钢管	在钢桩到港后,由商检局作抽样检验,检查钢材化学成分和机械性能是否满足合同文本要求,加工制作单位在收到商检报告后才能加工
焊丝	焊丝或焊条应有出厂合格证,焊接前必须在 200℃～300℃温度下烘干 2 h,避免焊丝不烘干,引起烧焊时含氢量高,使焊缝容易产生气孔而降低强度和韧性。烘干应留有记录

三、施工工艺

(1)钢桩施工操作工艺见表 2—20。

表 2—20 钢桩施工操作工艺

项目	内　容
钢桩桩位放样允许偏差	(1)钢桩桩位放样允许偏差为:群桩小于或等于 20 mm;单排桩小于或等于 10 mm。 (2)钢桩桩位的允许偏差必须符合表 2—2 的规定。斜桩倾斜度的偏差不得大于倾斜角正切值的 15%(倾斜角系桩的纵向中心线与铅垂线间夹角)

续上表

项目	内　　容
钢桩的制作	(1)钢桩主要是在工厂制作,少量特殊规格钢桩可在现场制作。 (2)制作钢桩的材料应符合设计要求,并有出厂合格证和试验报告。一般选用普通碳素钢,抗拉强度为402 MPa,屈服强度为235.2 MPa。 (3)钢桩制作的允许偏差应符合表2-21的规定。 (4)现场制作钢桩应有平整的场地及挡风防雨设施。 (5)钢桩的单节长度。 1)应满足桩架的有效高度、制作场地条件、设备能力及运输与装卸能力; 2)应避免桩尖接近硬持力层或桩尖处于硬持力层中接桩; 3)一般不宜大于15 m。 用于地下水有侵蚀性的地区或腐蚀性土层钢桩,应按设计要求进行防腐处理
钢桩的贮运	(1)搬运时应平稳,防止桩体撞击而造成桩端、桩体损坏或变形。 (2)桩的两端应有适当保护措施,钢管桩应设保护圈。 (3)堆放场地应平整、坚实、排水畅通。 (4)垫木宜选用耐压的长方木或枕木,不得用带有棱角的金属构建代替。 (5)钢桩应按不同类型、规格及施工顺序分别堆放。 (6)搁置支点要合理,确保钢桩不发生变形。钢管桩的两侧应用木楔塞住,防止滚动。H型钢桩堆放时,所有上下支点应设置在同一垂线上。 (7)钢桩应按规格、材质分别堆放,堆放层数:φ900 mm的钢桩不宜大于3层;φ600 mm的钢桩不宜大于4层;φ400 mm的钢桩不宜大于5层;H型钢桩不宜大于6层。支点设置应合理,钢桩的两侧应用木楔塞住
成品钢桩及其他材料进场验收及复试要求	(1)成品钢桩进场应由质检员专人负责现场检查验收。首先检验钢桩生产厂家产品说明书、合格证、质量检测报告以及标注的生产日期是否齐全、真实。钢桩的抗拉强度、屈服强度要满足设计要求。 (2)对新出厂的成品钢桩质量应按要求进行检查验收,包括钢桩的断面尺寸(直径或高度、厚度、宽度)、矢高、长度、端部平整度、端部平面与桩中心线的倾斜值及H型钢桩的方正度等是否符合要求,同时对其外观质量,如钢桩完整性、缺陷、变形及锈蚀等也要进行检验。对质量不合格的钢桩严禁使用。 (3)对表面有缺陷的钢桩,经矫正符合要求后方可使用。对重复使用的钢板桩,若桩体挠曲、扭曲、局部及锁口变形等应及时进行矫正;若有割孔、断面缺损等应补强;若有影响钢板桩的打入的焊接件应予以割除;若有锈蚀,应测量截面实际厚度,计算时予以扣除。经矫正后的钢板桩外观质量必须符合表2-22的要求。 (4)对进入现场的钢桩附件、材料要进行检查验收
测量及样桩控制	(1)施工前必须按设计桩位图,以轴线为基准对样桩做逐根复核(打一根复核一根),做好测量记录,复核无误后方可施打。桩位放样允许偏差为群桩小于或等于20 mm,单排桩小于或等于10 mm。

续上表

项目	内　　　容
测量及 样桩控制	(2)对施工现场的轴线控制点及水准点要经常检查,避免发生误差。 (3)平面控制点和水准点应妥善保护。 (4)测量人员应对桩的就位、垂直度和打桩标高进行检测,确保施工精度。 (5)沉桩至地面后,测量人员应根据轴线测出桩的平面偏位值,认真做好记录
钢桩就位	钢桩可采用一点起吊,使桩顶套入桩帽之中。起吊前,需对每节桩做详尽的外观检查,尤其要注意钢管桩的椭圆度,H型钢桩的截面方正度等。符合要求者,方可起吊并把桩底端对准灰线插正。可在桩机的正前方和侧面呈直角方向用两台经纬仪或用水平尺监控导杆的垂直度,使桩锤、桩帽及桩身中心线重合并成一垂直线,垂直度偏差不得超过 0.5%
打入钢桩	(1)打桩过程中,始终要观测桩的沉入情况,特别是打入下节桩时更要严格控制,缓慢进行,若有异常现象,如钢桩贯入度突变、发生倾斜、桩锤反跳过高或地面明显隆起等要停止锤击,必须采取相应措施妥善解决后,方可继续打桩。 　(2)打桩过程中,要尽量避免长时间的停歇中断。 　(3)桩的分节长度应结合穿透中间硬土层综合考虑,应尽量避免桩下端处在硬土层中进行接桩,且桩的外露长度要短,以利于锤击穿透。 　(4)送桩帽套入钢桩顶端,应确保使其接触密贴,以减少锤击能量损失。 　(5)大直径钢管桩,若打至持力层困难时,除采用桩底端加箍外,也可在打桩过程中把桩管内的土芯取出,以便顺利打入。 　(6)施打 H 型钢桩,持力层较硬时,不能强行送桩。 　(7)打桩过程中应加强对邻近建(构)筑物的观测和监护。 　(8)打桩时应有专职记录员及时准确地填写钢桩施工记录表,并交监理或建设单位代表签字确认
焊接钢桩	(1)焊接前,应检查已沉入桩的顶部和待接桩的底部,修整因锤击等而产生变形部分,对损坏的部分进行割除,并清除端部浮锈、油污等污物,保持干燥。 　(2)焊接所用焊丝(自动焊)或焊条应符合设计要求。 　(3)上下桩段应对正,焊接前应校正垂直度,错口偏差不宜大于 2 mm,对口的间隙以 2~3 mm 为宜。 　(4)对钢管桩,内衬箍安装时,要与下节钢管桩内壁贴紧,在下节钢管桩的上端管外围安装紫铜夹箍;对 H 型钢桩,现场加工坡口时,角度要正确,坡面要平整,在上节 H 型钢桩的下端焊定位铁件或连接钢板,使对接容易方便。 　(5)焊接具体要求: 　1)焊丝(自动焊)或焊条应预先进行烘干(200℃~400℃,2 h)。 　2)焊接应对称进行,焊接层数要符合规范、规程要求,内层焊渣清理干净后方可进行外层施焊,焊缝应连续饱满。

续上表

项目	内　　　容
焊接钢桩	3)焊接应充分熔化内衬箍,保证根部焊透。 4)焊丝外伸长度为 20~40 mm,防止过短而产生气孔。 5)焊炬与前进方向保持小于 90°。 6)尽量减少焊缝接头,接头处应先在前段焊缝的弧坑引弧,向后退 20 mm 左右,然后向前焊接。 7)遇有大风,要安装挡风板。气温低于 0℃或雨雪天,无可靠措施确保焊接质量时,不得焊接。 8)焊接完毕后,要待其自然冷却 1~5 min 后,方可继续锤击沉桩
停锤标准	(1)设计明确规定控制桩端标高的摩擦桩,应保证打至桩端设计标高;其他桩应按照设计、监理和施工等单位根据工程实际共同确定的停锤标准执行。 (2)停锤标准应根据场地工程地质条件、单桩承载力设计值、桩的规格和长短、锤的大小和落距等因素,综合考虑最后贯入度、桩端持力层的岩土类别以及桩端进入持力层的深度等指标,由设计、监理和施工等单位共同研究确定。具体可参照以下情况进行研究确定: 1)对于以承载力为主的桩,可通过检测贯入度确定是否停打。贯入度要在现场试打桩并通过动载试验(高应变法)确定。打桩时要一直打到最后三阵(每阵为 10 击)的贯入度均满足要求时,才能停止打桩。 2)对于以沉降控制为目标的桩,一般应打到设计标高,在适当的锤重条件下,可参考下列因素确定是否停打。 ①最后贯入度在 3~4 mm 以内。 ②最后 1 m 的锤击数要大于 250 击。 ③钢桩总锤击数不宜超过 3 000 击

表 2—21　钢桩制作的允许偏差

项　　　目		容许偏差(mm)
外径或断面尺寸	桩端部	±0.5%外径或边长
	桩　身	±0.1%外径或边长
长度		>0
矢高		≤1‰桩长
端部平整度		≤2(H 型桩≤1)
端部平面与桩身中心线的倾斜值		≤2

表 2—22   重复使用的钢板桩质量检验标准

序号	检查项目	允许偏差或允许值	检查方法
1	桩垂直度	$<1\%$	用钢尺量
2	桩身弯曲度	$<2\%\ L$	用钢尺量,L 为桩长
3	齿槽平直光滑度	无电焊渣或毛刺	用 1 m 长的桩段做通过试验
4	桩长度	不小于设计长度	用钢尺量

(2)钢桩施工中应注意的问题及主要技术文件见表 2—23。

表 2—23   钢桩施工中应注意的问题及主要技术文件

项目	内 容
材料要求	(1)国产低碳钢(HPB235 钢),加工前必须具备钢材合格证和试验报告。 (2)进口钢管:在钢桩到港后,由商检局作抽样检验,检查钢材化学成分和机械性能是否满足合同文本要求,加工制作单位在收到商检报告后才能加工。 (3)焊丝或焊条应有出厂合格证,焊前必须在 200℃～300℃温度下烘干 2 h,避免焊丝不烘干,引起烧焊时含氢量高,使焊缝容易产生气孔而降低强度和韧性。烘干应留有记录
应注意的问题	(1)桩端部的浮锈、油污等脏物必须清除,保持干燥;下节桩顶经锤击后的变形部分应割除。 (2)上下节桩焊接时应校正垂直度,对口的间隙为 2～3 mm。 (3)焊丝(自动焊)或焊条应烘干。 (4)焊接应对称进行。 (5)焊接应用多层焊,钢管桩各层焊缝的接头应错开,焊渣应清除。 (6)气温低于 0℃或雨雪天,无可靠措施确保焊接质量时,不得焊接。焊接质量受气候影响很大,雨雪天气,在烧焊时,由于水分蒸发含有大量氢气混入焊缝内形成气孔。大于 10 m/s 的风速会使自保护气体和电弧火焰不稳定。无防风避雨措施,在雨天或刮风天气不能施工。 (7)每个接头焊接完毕,应冷却 1 min 后方可锤击。 (8)焊接质量应符合国家钢结构施工与验收规范和建筑钢结构焊接规程,每个接头除应进行外观检查外,还应按接头总数的 10% 做超声或 2% 做 X 拍片检查,在同一工程内,探伤检查不得少于 3 个接头
主要技术文件	(1)工程地质勘察报告、桩基施工图、图纸会审纪要、设计变更单及材料代用通知单等。 (2)经审定的施工组织设计、施工方案及执行中的变更情况。 (3)桩位测量放线图,包括工程桩位线复核签证单。 (4)成桩质量检查报告。 (5)单桩承载力检测报告。 (6)基坑挖至设计标高的基桩竣工平面图及桩顶标高图。 (7)原材料(钢材)复试报告、电焊焊缝探伤检查报告等资料。 (8)施工记录、隐蔽工程检查记录(包括桩垂直度、偏差等施工记录)

第五节 混凝土灌注桩

一、验收条文

(1)混凝土灌注桩的质量验收标准应符合表2—24、表2—25的规定。

表2—24 混凝土灌注桩钢筋笼质量验收标准 (单位:mm)

项目	序号	检查项目	允许偏差或允许值	检查方法
主控项目	1	主筋间距	±10	用钢尺量
	2	长度	±100	用钢尺量
一般项目	1	钢筋材质检验	设计要求	抽样送检
	2	箍筋间距	±20	用钢尺量
	3	直径	±10	用钢尺量

表2—25 混凝土灌注桩质量验收标准

项目	序号	检查项目	允许偏差或允许值		检查方法
			单位	数值	
主控项目	1	桩位	见表2—26		基坑开挖前量护筒,开挖后量桩中心
	2	孔深	mm	+300	只深不浅,用重锤测,或测钻杆、套管长度,嵌岩桩应确保进入设计要求的嵌岩深度
	3	桩体质量检验	按基桩检测技术规范,如钻芯取样,大直径嵌岩桩应钻至桩尖下50 cm		按基桩检测技术规范
	4	混凝土强度	设计要求		试件报告或钻芯取样送检
	5	承载力	按基桩检测技术规范		按基桩检测技术规范

续上表

项目	序号	检查项目		允许偏差或允许值		检查方法
				单位	数值	
一般项目	1	垂直度		见表2—26		测套管或钻杆,或用超声波探测,干施工时吊垂球
	2	桩径		见表2—26		井径仪或超声波检测,干施工时用钢尺量,人工挖孔桩不包括内衬厚度
	3	泥浆比重(黏土或砂性土中)		1.15~1.20		用比重计测,清孔后在距孔底50 cm处取样
	4	泥浆面标高(高于地下水位)		m	0.5~1.0	目测
	5	沉渣厚度	端承桩	mm	≤50	用沉渣仪或重锤测量
			摩擦桩	mm	≤150	
	6	混凝土坍落度	水下灌注	mm	160~220	坍落度仪
			干施工	mm	70~100	
	7	钢筋笼安装深度		mm	±100	用钢尺量
	8	混凝土充盈系统		>1		检查每根桩的实际灌注量
	9	桩顶标高		mm	+30 −50	水准仪,需扣除桩顶浮浆层及劣质桩体

(2)灌注桩地平面位置和垂直度的允许偏差见表2—26。

表 2—26   灌注桩的平面位置和垂直度的允许偏差

序号	成孔方法		桩径允许偏差(mm)	垂直度允许偏差(%)	桩位允许偏差(mm)	
					1~3根、单排桩基垂直于中心线方向和群桩基础的边桩	条形桩基沿中心线方向和群桩基础的中间桩
1	泥浆护壁钻孔桩	D≤1 000 mm	±50	<1	D/6,且不大于100	D/4,且不大于150
		D>1 000 mm	±50		100+0.01H	150+0.01H
2	套管成孔灌注桩	D≤500 mm	−20	<1	70	150
		D>500 mm			100	150
3	干成孔灌注桩		−20	<1	70	150
4	人工挖孔桩	混凝土护壁	+50	<0.5	50	150
		钢套管护壁	+50	<1	100	200

注:1. 桩径允许偏差的负值是指个别断面。

2. 采用复打、反插法施工的桩,其桩径允许偏差不受表2—26的限制。

3. H 为施工现场地面标高与桩顶设计标高的距离,D 为设计桩径。

二、施工材料要求

施工材料要求见表 2—27。

表 2—27　施工材料要求

项目	内　　容
粗集料	选用卵石或碎石,含泥量控制按设计混凝土强度等级从《普通混凝土用砂、石质量及检验方法》(JGJ 52—2006)中选取,粗集料粒径用沉管成孔时不宜大于 50 mm;用泥浆护壁成孔时粗集料粒径不宜大于 40 mm,并不得大于钢筋间最小净距的 1/3;对于素混凝土灌注桩,不得大于桩径的 1/4,并不宜大于 70 mm
细集料	选用中、粗砂,含泥量控制按设计混凝土强度等级从《普通混凝土用砂、石质量标准及检验方法》(JGJ 52—2006)中选取
水泥	宜选用普通硅酸盐水泥、矿渣硅酸盐水泥、粉煤灰硅酸盐水泥,当灌注桩浇筑方式为水下混凝土时,严禁选用快硬水泥作胶凝材料
钢筋	钢筋的质量应符合国家标准《钢筋混凝土用钢第 1 部分:热轧光圆钢筋》(GB 1499.1—2008)的有关规定。进口热轧变形钢筋应符合《进口热轧变形钢筋应用若干规定》的有关规定

三、施工机械要求

混凝土灌注桩施工机械的要求见表 2—28。

表 2—28　混凝土灌注桩施工机械的要求

项目	内　　容
人工挖孔灌注桩机具准备	(1)挖土工具。铁镐、铁锹、钢钎、铁锤、风镐等挖土工具。 (2)出土工具。电动葫芦或手摇辘轳和提土桶。 (3)降水工具。潜水泵,用于抽出桩孔内的积水。 (4)通风工具。常用的通风工具为 1.5 kW 的鼓风机,配以直径 100 mm 的薄膜塑料送风管,用于向桩孔内强制送入风量不小于 25 L/s 的新鲜空气。 (5)护壁模板。常用的有木结构式和钢结构式两种
干作业钻孔灌注桩机具准备	(1)螺旋钻孔机。螺旋钻孔机由主机、滑轮组、螺旋钻杆、钻头、滑动支架、出土装置等组成。 (2)机动洛阳铲挖孔机。这种挖孔机由提升机架、卷扬机、滑轮组及机动部分组成,具有设备简单、操作方便,在我国北方使用较多
干作业钻孔扩底灌注桩机具准备	钻扩机(扩孔机)有汽车式扩孔机、双导向步履式钻扩机、双管双螺旋钻扩机、短螺旋钻扩机等多种形式。进行钻扩作业时,振动小,噪声低,排土量少

续上表

项 目	内 容
正反循环钻机成孔灌注桩机具准备	(1)正循环钻机。正循环钻机主要由动力机、泥浆泵、卷扬机、转盘、钻架、钻杆、水龙头和钻头等组成。 (2)反循环钻机。反循环钻机由钻头、加压装置、回转装置、扬水装置、接续装置和升降装置等组成
潜水成孔灌注桩机具准备	(1)潜水钻机主要由潜水电机、齿轮减速器、密封装置、钻杆和钻头等组成。 (2)潜水电钻具有体积小、重量轻、机器结构轻便简单机动灵活和成孔速度较快等特点,宜用于地下水位高的轻便土层,如淤泥质土、黏性土及砂质土等。 (3)钻头,钻进不同类别土层,应有不同的钻头,其形式有笼式钻头,筒式钻头及两翼式钻头等
冲击成孔灌注桩机具准备	(1)冲击钻机。冲击钻机主要由桩架(包括卷扬机),冲击钻头,掏渣筒、转向装置和打捞装等组成,简易冲击钻机。 (2)冲击钻头常用的冲击钻头为十字形钻头。 (3)掏渣筒。掏渣筒的主要作用是捞取被冲击钻头破碎后的孔内钻渣。它主要由提梁、管体、阀门和管靴等组成。阀门有多种形式,常用的形式有碗形活门、单扇活门和双扇活门等
水下混凝土浇筑的主要机具	(1)导管一般用无缝钢管制作或钢板卷制焊成。导管壁厚不宜小于 3 mm,直径宜为 200~250 mm;直径制作偏差不应超过 2 mm,导管的分节长度视工艺要求确定,底管长度不宜小于 4 m,接头宜用法兰或双螺纹扣快速接头。 导管使用前应试拼装、试压,试水压力为 0.6~1.0 MPa,不漏水为合格。 (2)漏斗可用 4~6 mm 钢板制作,要求不漏浆、不挂浆、漏泄顺畅彻底。漏斗设置高度应适应操作的需要,并应在灌注到最后阶段,特别是灌注接近到桩顶部位时,能满足对导管内混凝土柱高度的需要,保证上部桩身的灌注质量。 (3)隔水栓一般采用强度等级为 C20 的混凝土制作,宜制成圆柱形,其直径宜比导管内径小 20 mm,其高度宜比直径大 50 mm;采用 4 mm 厚的橡胶垫圈密封。 使用的隔水栓应有良好的隔水性能,保证顺利出水

四、施工工艺解析

(1)钻孔灌注桩(正、反循环)施工工艺见表 2—29。

表 2—29 钻孔灌注桩(正、反循环)施工工艺

项 目	内 容
测量定位	使用检验、校准合格的经纬仪、水准仪和钢尺。操作人员应是测量专业技术人员,桩位测量定位误差小于或等于 5 mm

项目	内 容
护筒埋设	埋设护筒之前应对其桩位用钢尺进行复核,护筒埋设时,护筒中心轴线对正测定的桩位中心,其偏差小于或等于 20 mm,并保持护筒的垂直,护筒的四周要用黏土捣实,以起到固定护筒和止水作用。护筒上口应高出地面 200 mm,护筒两侧设置吊环,以便吊放、起拔护筒
设备安装	(1)桩机安装时要做到三点一线,即天车、转盘中心和桩孔中心在同一铅垂线上,以保证钻孔垂直度,转盘中心同桩孔中心位置偏差小于或等于 10 mm。钻机安装必须平稳、牢固,钻进中不得有位移,底座应垫实,在钻进中经常检查。 (2)吊移设备必须由持有专业执照的起重人员作业,严禁无证操作,吊移钻机时由专人指挥。 (3)设备安装就位之后,应精心调平,安装牢固,作业之前应先试运转,以防止成孔或灌注中途发生机械故障。 (4)所有的机电设备接线要安全可靠,位于运输道路上的电缆应加外套或埋设管道保护。 (5)各项设备的安装、使用、搬迁、拆卸和维护保养应按其使用说明书正确操作使用
循环系统设置	根据场地的实际情况,对循环系统的设置进行合理布局,并要求冲洗液循环畅通,易于清除钻渣。循环池容量不宜小于 12 m³,沉淀池容量不宜小于 8 m³,以确保冲洗液正常循环,循环槽的坡度以 1∶100 为宜
钻进成孔	钻进中应严格按规范操作,建立岗位责任制、交接班制度、质量检查制度等。钻进中若出现坍孔、涌砂、掉钻等异常情况,应及时分析事故原因,作出判断,立即处理。钻进中技术参数根据地层情况确定。采用牙轮或滚刀钻头钻进硬岩时,要采用配重加压,配重数量视不同口径和地层情况而定
清孔	采用正循环或反循环清孔,端承桩孔底沉渣不宜大于 50 mm,摩擦桩孔底沉渣不宜大于 300 mm,摩擦端承、端承摩擦桩不宜大于 100 mm
钢筋笼吊放	(1)钢筋笼在运往桩位的过程中要保持水平,严禁拖拉以致钢筋笼变形。 (2)吊放钢筋笼入孔时,应对准孔位,轻放、慢放,不得左右旋转,若遇阻应停止下放,查明原因进行处理。严禁高起猛落,强行下入。 (3)分节制作的钢筋笼在孔口焊接时,上下两节主筋位置应对正,使钢筋笼的上、下两节轴线一致
混凝土灌注	(1)导管:根据桩孔直径确定导管直径,一般导管直径 200~350 mm,导管使用前应进行密封试验,试验压力大于或等于 0.6 MPa,导管连接光滑、可靠。安装导管时,其导管底口距孔底以 300~500 mm 为宜。 (2)宜用水泥隔水塞或插板隔水塞,隔水塞位置应在泥浆面以上 400 mm 处。 (3)根据初灌量确定漏斗体积,初灌量确保导管埋深大于 0.8 m。 (4)灌注时,应先配制 0.1~0.3 m³ 水泥砂浆置于隔水塞上面,然后按混凝土配比灌注。并测定初灌量埋管深度,做好钻孔灌注桩混凝土灌注记录。

续上表

项目	内　　容
混凝土灌注	（5）测锤是检测混凝土面的工具，规格为 75 mm×100 mm 的普通钢材，其质量以大于 2.5 kg 为宜。 （6）初灌量正常后，应连续不断地进行灌注，中间间断时间不宜超过 15 min，灌注过程中，应经常用测锤测混凝土面的上升高度，保持导管埋深在 2～6 m。 （7）拆卸导管时轻提、慢放，防止导管刮、提钢筋笼。灌注完毕及时清洗导管
桩顶控制	桩顶标高控制应比设计桩顶标高高出 0.5～1.0 m

（2）沉管灌注桩施工工艺见表 2—30。

表 2—30　沉管灌注桩施工工艺

项目	内　　容
测量定位	由测量人员按施工图桩位轴线控制点逐个放样，并进行桩位标识，放桩误差宜为 ±5 mm
桩机就位	调平机座，对准桩位中心，埋设桩尖桩管垂直套住桩尖（活瓣桩尖则合拢活瓣）压入土中
成孔	采用排土法（一般多用混凝土预制桩尖）或取土—排土综合施工法（取土法分沉管取土法和螺旋钻取土法），使沉管桩长或贯入度达到设计要求。 （1）群桩基础和桩中心距小于 4 倍桩径的桩基，应提出保证相邻桩桩身质量的技术措施。 （2）混凝土预制桩尖或钢桩尖的加工质量和埋设位置应与设计相符，桩管与桩尖的接触应有良好的密封性。 （3）沉管全过程必须有专职记录员做好施工记录；每根桩的施工记录均应包括每米的锤击数和最后一米的锤击数；必须准确测量最后三阵，每阵 10 击的贯入度
成桩	（1）沉管至设计标高后，应立即灌注混凝土，尽量减少间隔时间，灌注混凝土之前，必须检查桩管内有无吞桩尖或进泥、进水。 （2）当桩身配钢筋笼时，第一次混凝土应灌至笼底标高，然后放置钢筋笼，再灌混凝土至桩顶标高。第一次拔管高度应控制在能容纳第二次所需灌入的混凝土为限，不宜拔得过高。在拔管过程中应有专用测锤或浮标检查混凝土面的下降情况。 （3）拔管速度要均匀，对一般土层以 1 m/min 为宜，在软弱土层和软硬土层交界处宜控制在 0.3～0.8 m/min。 （4）采用倒打拔管的打击次数，单动汽锤不得少于 50 次/min，自由落锤轻击（小落距锤击）不得少于 40 次/min；在管底未拔至桩顶设计标高之前，倒打和轻击不得中断。 （5）混凝土的充盈系数不得小于 1.0；对混凝土充盈系数小于 1.0 的桩，宜全长复打，对可能有断桩和缩颈桩，应采用局部复打。成桩后的桩身混凝土顶面标高应不低于设计标高 500 mm。全长复打桩的入土深度宜接近原桩长，局部复打应超过断桩或缩颈区 1 m 以上。

续上表

项目	内　　容
成桩	（6）全长复打桩施工，第一次灌注混凝土应达到自然地面；应随拔管随清除粘在管壁上和散落在地面上的泥土；前后二次沉管的轴线应重合；复打施工必须在第一次灌注的混凝土初凝之前完成。 （7）当桩身配有钢筋时，混凝土的坍落度宜采用 80～100 mm；素混凝土桩宜采用 60～80 mm

（3）振动沉管灌注桩施工工艺见表 2—31。

表 2—31　振动沉管灌注桩施工工艺

项目	内　　容
成孔	采用挤土法（一般多用混凝土预制桩尖）或非挤土法（非挤土法分为沉管取土法和螺旋钻取土法），使沉管达到设计要求
成桩	根据地层情况和荷载要求，分别选用单打法、反插法和复打法等成桩方法，单打法适用于含水量较小的土层，反插法及复打法适用于饱和土层
单打法施工	（1）必须严格控制最后 30 s 的电流、电压值，其值按设计要求或根据试桩和当地经验确定。 （2）桩管内灌满混凝土后，先振动 5～10 s，再开始拔管，应边振边拔，每拔 0.5～1.0 m 停拔振动 5～10 s；如此反复，直至桩管全部拔出。 （3）在一般土层内，拔管速度宜为 1.2～1.5 m/min，用活瓣桩尖时宜慢，用预制桩尖时可适当加快；在软弱土层中，宜控制在 0.6～0.8 m/min。 （4）混凝土灌注量应按桩尖外径和桩长计算出的体积再乘以充盈系数 K，一般情况下充盈系数 K 不应小于 1.1
反插法施工	（1）桩管灌满混凝土之后，先振动再拔管，每次拔管高度 0.5～1.0 m，反插深度 0.3～0.5 m；在拔管过程中，应分段添加混凝土，保持管内混凝土面始终不低于地表面或高于地下水位，拔管速度应小于 0.5 m/min。 （2）在桩尖处的 1.5 m 范围内，宜多次反插以扩大桩的端部断面。 （3）穿过淤泥夹层时，应当放慢拔管速度，并减少拔管高度和反插深度，在流动性淤泥中不宜使用反插法

（4）夯扩沉管桩施工工艺见表 2—32。

表 2—32　夯扩沉管桩施工工艺

项目	内　　容
施工顺序	夯扩施工顺序如图 2—7 所示
封底	夯扩桩采用干混凝土封底的无桩靴沉管方式，在外管下端约 150 mm 高度，投入足量的干混凝土，使其在锤击时吸收地下水分，而形成致密的混凝土隔水层

续上表

项目	内　容
沉管	桩管打至设计深度后,拔出内管时,外管内应保持干燥无水。若泥水进入管内,则封底失败,应采取有效措施处理
夯扩	在外管内灌入部分混凝土,稍提外管锤击(静压)以扩大桩尖。一般情况下,当桩端持力层性质相对较差,而易于夯扩时,应适当增加扩大头混凝土灌注量;当持力层密实度大、性质较好、难以夯扩时,扩大头混凝土灌入量就要适当减少
灌注混凝土及拔管	当混凝土灌满桩管后,便开始拔管,边拔管,边振动(锤击),边继续灌注混凝土
安放钢筋笼成桩	混凝土灌注至钢筋笼设计标高后,适时安放钢筋笼,继续灌注混凝土,成桩

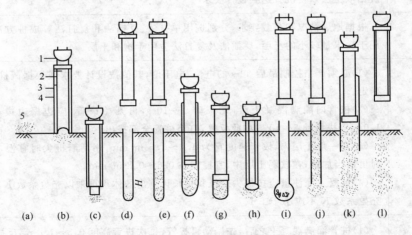

图 2—7　夯扩施工顺序

1—柴油锤;2—加颈圈;3—内夯管;4—外夯管;5—干硬性混凝土

(a)放干硬性混凝土;(b)放外管;(c)锤击;(d)抽出内管;

(e)灌入部分混凝土;(f)放入内管稍提外管;(g)锤击;

(h)内外管沉入设计深度;(i)拔出;(j)灌满桩身混凝土;

(k)上拔外管;(l)拔出外管成桩

(5)人工挖孔桩施工工艺见表 2—33。

表 2—33　人工挖孔桩施工工艺

项目	内　容
放线定位	按设计图纸放线,定桩位
测量控制	桩位轴线采取在地面设"十"字控制网基准点,安装提升设备时,吊桶的钢丝绳中心与桩孔中心线一致,以作挖土时控制中心

续上表

项目	内　容
分节挖土和出土	采取分段开挖,每段高度取决于孔壁稳定状态,一般以 0.8～1.0 m 为一施工段。扩底部分采取先挖桩身圆柱体,再按扩底尺寸从上到下削土修成扩底形。如遇大量渗水,采取排水措施。挖出的土方应及时运走,不得堆放在孔口附近
安装护壁钢筋和护壁模板	(1)挖孔桩护壁模板一般做成通用(标准)模板。直径小于 $\phi 1\,200$ mm 的桩孔,模板由 5～8 块组成。模板高度由施工段高度确定,一般模板高度宜为 0.8～1.0 m。 (2)护壁厚度一般为 100～150 mm,大直径桩护壁厚度为 200～300 mm。 (3)护壁钢筋按设计要求执行,应先安放钢筋,然后才能安装护壁模板。 (4)护壁支模中心点,应与桩中心一致
灌注护壁混凝土	灌注护壁混凝土,护壁混凝土形式分为外齿式和内齿式,如图 2—8 所示,一般采用内齿式。灌注护壁混凝土的强度等级应符合设计要求,护壁模板一般 24 h 后拆除

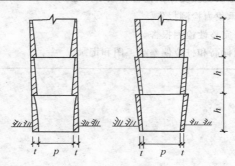

图 2—8　混凝土护壁形式

1—内齿式;2—外齿式

(6)混凝土灌注桩施工中应注意问题及主要技术文件见表 2—34。

表 2—34　混凝土灌注桩施工中应注意问及主要技术文件

项目	内　容
应注意的问题	(1)基桩轴线的控制点和水准基点应设在不受施工影响的地方。开工前,经复核后应妥善保护,施工中应经常复测。施工前应组织图纸会审,会审纪要连同施工图等作为施工依据并列入工程档案。 (2)成孔设备就位后,必须平正、稳固,确保在施工中不发生倾斜、移动。为准确控制成孔深度,在桩架或桩管上应设置控制深度的标尺,以便在施工中进行观测记录。 (3)成孔的控制深度应符合下列要求: 1)摩擦型桩:摩擦桩以设计桩长控制成孔深度;端承摩擦桩必须保证设计桩长及桩端进入持力层深度;当采用锤击沉管法成孔时,桩管入土深度控制以标高为主,以贯入度控制为辅。 2)端承型桩:当采用钻(冲)、挖掘成孔时,必须保证桩孔进入设计持力层的深度;当采用锤击沉管法成孔时,沉管深度控制以贯入为主,设计持力层标高对照为辅。 (4)施工前应对水泥、砂、石子(如现场搅拌)和钢材等原材料进行检查

项目	内　容
主要技术文件	(1)工程地质勘察报告、桩基施工图及施工桩号图、图纸会审纪要、设计变更单、技术核定单和材料代用签证单等。 (2)经审定的施工组织设计、施工方案及执行中的变更情况。 (3)试成孔和施工参数的确认记录和签证。 (4)桩位测量放线图应附标高依据和放线依据,与设计图有出入时应有设计签证单。 (5)每个桩成桩的过程质量检查记录:以泥浆护壁灌注桩为例应有开孔通知单、成孔钻进班报表、钢筋笼制作和沉放(孔口焊接质量检验和抽样送检)验收、成孔后灌注前隐蔽工程验收记录(包括下灌注导管和旋转隔水栓),水下混凝土灌注记录。 (6)砂、石、水泥、外加剂、外掺料和钢筋的出厂质量证明书和材料进场后的抽样复试报告。 (7)混凝土配合比设计和现场搅拌计量检查和坍落度检查记录。 (8)混凝土试块强度测试报告和强度评定。 (9)单桩承载力检测报告。 (10)桩身完整性检测报告。 (11)桩顶标高和桩位偏差竣工图和记录

第三章 土方工程

第一节 土方开挖

一、验收条文

(1)临时性挖方的边坡值应符合表3-1的规定。

表3-1 临时性挖方边坡值

土的类别		边坡值(高:宽)
砂土(不包括细砂、粉砂)		(1:1.25)~(1:1.50)
一般性黏土	硬	(1:0.75)~(1:1.00)
	硬、塑	(1:1.00)~(1:1.25)
	软	1:1.50 或更缓
碎石类土	充填坚硬、硬塑黏性土	(1:0.50)~(1:1.00)
	充填砂土	(1:1.00)~(1:1.50)

注:1. 设计有要求时,应符合设计标准。

2. 如果用降水或其他加固措施,可不受本表限制,但应计算复核。

3. 开挖深度,对软土不应超过4 m,对硬土不应超过8 m。

(2)土方开挖工程的质量验收标准应符合表3-2的规定。

表3-2 土方开挖工程质量验收标准 (单位:mm)

项目	序号	项目	允许偏差或允许值					检查方法
			柱基基坑基槽	挖方场地平整		管沟	地(路)面基层	
				人工	机械			
主控项目	1	标高	-50	±30	±50	-50	-50	水准仪
	2	长度、宽度(由设计中心线向两边量)	+200 -50	+300 -100	+500 -150	+100	—	经纬仪、用钢尺量
	3	边坡	设计要求					观察或用坡度尺检查

项目	序号	项目	允许偏差或允许值					检查方法
			柱基基坑基槽	挖方场地平整		管沟	地(路)面基层	
				人工	机械			
一般项目	1	表面平整度	20	20	50	20	20	用2 m靠尺和楔形塞尺检查
	2	基底土性	设计要求					观察或土样分析

注:地(路)面基层的偏差只适用于直接在挖、填方上做地(路)面的基层。

二、施工工艺解析

(1)人工挖土施工工艺见表3—3。

表3—3　人工挖土施工工艺

项目	内　　容
测量放线	(1)测量控制网布设。 标高误差和平整度标准均应严格按规范标准执行。人工挖土接近坑底时,由现场专职测量员用水平仪将水准标高引测至基槽侧壁。然后随着人工挖土逐步向前推进,将水平仪置于坑底,每隔4~6 m设置一标高控制点,纵横向组成标高控制网,以准确控制基坑标高。 (2)测量精度的控制及误差范围。 1)测角:采用三测回,测角过程中误差控制在2″以内,总误差在5 mm以内; 2)测弧:采用偏角法,测弧度误差控制在2″以内; 3)测距:采用往返测法,取平均值; 4)量距:用鉴定过的钢尺进行量测并进行温度修正。 5)轴线之间偏差控制在2 mm以内
确定开挖顺序和坡度	(1)在天然湿度的土中,开挖基槽和管沟时,当挖土深度不超过下列数值规定时,可不放坡,不加支撑。 1)密实、中密的砂土和碎石类土(填充物为砂土):1.0 m。 2)硬塑、可塑的黏质粉土及粉质黏土:1.25 m。 3)硬塑、可塑的黏土和碎石类土(填充物为黏性土):1.5 m。 4)坚硬的黏土:2.0 m。 (2)超过上述规定深度,应采取相应的边坡支护措施,否则必须放坡,边坡最陡坡度应符合表3—4规定
沿灰线切出基槽轮廓线	开挖各种浅基础,如不放坡时,应沿灰线切出基槽的轮廓线
分层开挖	(1)根据基础形式和土质状况及现场出土等条件,合理确定开挖顺序,然后再分段分层平均下挖。

项目	内　容
分层开挖	(2)开挖各种浅基础时,如不放坡应先按放好的灰线切出基槽的轮廓线。 (3)开挖各种基槽、管沟: 1)浅条形基础:一般黏性土可自上而下分层开挖,每层深度以 600 mm 为宜,从开挖端部逆向倒退按踏步形挖掘;碎石类土先用镐翻松,正向挖掘出土,每层深度视翻土厚度而定。 2)浅管沟:与浅条形基础开挖基本相同,仅沟帮不需切直修平。标高按龙门板上平往下返出沟底尺寸,接近设计标高后,再从两端龙门板下面的沟底标高上返 500 mm 为基准点,拉小线用尺检查沟底标高,最后修整沟底。 3)开挖放坡的基槽或管沟时,应先按施工方案规定的坡度粗略开挖,再分层按放坡坡度要求做出坡度线,每隔 3 m 左右做出一条,以此为准进行铲坡。深管沟挖土时,应在沟帮中间留出宽 800 mm 左右的倒土台。 4)开挖大面积浅基坑时,沿坑三面开挖,留出一面挖成坡道。挖出的土方装入手推车或翻斗车,从坡道运至地面弃土(存土)地点
修正边坡、清底	(1)土方开挖挖到距槽底 500 mm 以内时,测量放线人员应及时配合测出距槽底 500 mm 水平标高点;自每条槽端部 200 mm 处,每隔 2～3 m 在槽帮上钉水平标高小木橛。在挖至接近槽底标高时,用尺或事先量好的 500 mm 标准尺杆,随时以小木橛上平校核槽底标高。最后由两端轴线(中心线)引桩拉通线,检查沟槽底部尺寸,确定槽宽标界,据此修整槽帮,最后清除槽底土方,修底铲平。 (2)人工修整边坡,确保边坡面的平整度。当遇有上层滞水影响时,要在坡面上每隔1 m 插放一根泄水管,以便把滞水有效的疏导出来,减少对坡面的压力。 (3)基槽、管沟的直立帮和坡度,在开挖过程和敞露期间应采取措施防止塌方,必要时应加以保护。 在开挖槽边土方时,应保证边坡和直立帮的稳定。当土质良好时,抛于槽边的土方(或材料),应距槽(沟)边缘 1.0 m 以外,高度不宜超过 1.5 m

表 3—4　深度在 5 m 内的基槽管沟边坡的最陡坡度

土的类别	边坡坡度容许值(高:宽)		
	坡顶无荷载	坡顶有静载	坡顶有动载
中密的砂土	1:1.00	1:1.25	1:1.50
中密的碎石类砂土	1:0.75	1:1.00	1:1.25
硬塑的黏质粉土	1:0.67	1:0.75	1:1.00
中密的碎石类黏土	1:0.50	1:0.67	1:0.75

注:在软土沟槽坡顶不宜设置静载或动载;需要设置时,应对土的承载力和边坡的稳定性进行验算。

(2)机械挖土施工工艺见表 3—5。

表 3—5　机械挖土施工工艺

项目	内　　容
测量放线	参见"人工挖土施工工艺"的内容,但最后一步土方挖至距基底 150～300 mm 位置,所余土方采用人工清土,以免扰动基底的老土
开挖坡度的确定	当开挖深度在 5 m 以内时,其开挖坡度应符合表 3—4 的要求。 对地质条件好、土(岩)质较均匀和挖土高度在 5～8 m 以内的临时性挖方的边坡,其边坡坡度可按表 3—1 取值,但应验算其整体稳定性并对坡面进行保护
分段、分层均匀开挖	(1)当基坑(槽)或管沟受周边环境条件和土质情况限制无法进行边坡开挖时,应采取有效的边坡支护方案,开挖时应综合考虑支护结构是否形成,做到先支护后开挖,一般支护结构强度达到设计强度的 70% 以上时,才可继续开挖。 (2)开挖基坑(槽)或管沟时,应合理确定开挖顺序、路线及开挖深度。然后分段分层均匀下挖。 (3)采用挖土机开挖大型基坑(槽)时,应从上而下分层分段,按照坡度线向下开挖,严禁在高度超过 3 m 或在不稳定土体之下作业,但每层的中心地段应比两边稍高一些,以防积水。 (4)在挖方边坡上如发现有软弱土、流砂土层或地表面出现裂缝时,应停止开挖,并及时采取相应补救措施,以防止土体崩塌与下滑。 (5)采用反铲、拉铲挖土机开挖基坑(槽)或管沟时,其施工方法有下列两种: 1)端头挖土法:挖土机从坑(槽)或管沟的端头,以倒退行驶的方法进行开挖,自卸汽车配置在挖土机的两侧装运土。 2)侧向挖土法:挖土机沿着坑(槽)边或管沟的一侧移动,自卸汽车在另一侧装土。 (6)土方开挖宜从上到下分层分段依次进行。随时做成一定坡势,以利泄水。在开挖过程中,应随时检查槽壁和边坡的状态。深度大于 1.5 m 时,根据土质变化情况,应做好基坑(槽)或管沟的支撑准备,以防坍陷。 开挖基坑(槽)和管沟,不得挖至设计标高以下,如不能准确地挖至设计基底标高时,可在设计标高以上暂留一层土不挖,以便在抄平后,由人工挖出。 暂留土层:一般铲运机、推土机挖土时为大于 200 mm;挖土机用反铲、正铲和拉铲挖土时为大于 300 mm 为宜。 对机械施工挖不到的土方,应配合人工进行挖掘,并用手推车把土运到机械能挖到的地方,以便及时用机械挖走
修边、清底	(1)放坡施工时,应人工配合机械修整边坡,并用坡度尺检查坡度。 (2)在距槽底设计标高 200～300 mm 槽帮处,抄出水平线,钉上小木橛,然后用人工将暂留土层挖走。同时由两端轴线(中心线)引桩拉通线(用小线或铁丝),检查距槽边尺寸,确定槽宽标准。以此修整槽边,最后清理槽底土方。 (3)槽底修理铲平后,进行质量检查验收。 (4)开挖基坑(槽)的土方,在场地有条件堆放时,一定留足回填需用的好土;多余的土方应一次运走,避免二次搬运

（3）土方开挖施工中应注意的问题及主要技术文件见表 3—6。

表 3—6　土方开挖施工中应注意的问题及主要技术文件

项目	内　　容
应注意的问题	（1）基底超挖：开挖（基坑槽）或管沟均不得超过基底标高。如个别地方超挖时，其处理方法应取得设计单位的同意。 （2）软土地区桩基挖土应注意的问题：在密集群桩上开挖基坑（槽）时，应在打桩完成后间隔一段时间，再对称挖土。在密集桩附近开挖基坑（槽）时，应采取措施防止桩基位移。 （3）基底未保护：基坑（槽）开挖后，应尽量减少对基土的扰动。如基础不能及时施工时，可在基底标高以上保留 30 cm 厚土层，待作基础时再挖。 （4）施工顺序不合理：土方开挖适宜先从低处开始，分层分段依次进行，形成一定坡度，以利于排水。 （5）开挖尺寸不足：基坑（槽）或管沟底部的开挖宽度，除结构宽度外，应根据施工需要增加工作面宽度，如排水设施、支撑结构所需宽度。 （6）基坑（槽）或管沟边坡不平不直，基底不平：应加强检查，随挖随修，并要认真验收。 （7）施工机械下沉：施工时必须了解土质和地下水位情况。推土机、铲土机一般需要在地下水位 0.5 m 以上推铲土，挖土机一般需要在地下水位 0.8 m 以上挖土。挖土机挖方的台阶高度，不得超过最大挖掘高度的 1.2 倍
主要技术文件	（1）开工报告。 （2）工程地质勘查报告、施工图、图纸会审纪要和设计变更单等。 （3）土中氡浓度检测报告。 （4）经审定的施工组织设计、施工方案。 （5）工程定位测量记录。 （6）地基钎探记录。 （7）基槽验线记录。 （8）地基验槽检查记录

第二节　土方回填

一、验收条文

（1）填方施工过程中应检查排水措施，每层填筑厚度、含水量控制、压实程度。填筑厚度及压实遍数应根据土质，压实系数及所用机具确定。如无试验依据，应符合表 3—7 的规定。

表 3－7　填土施工时的分层厚度及压实遍数

压实机具	分层厚度(mm)	每层压实遍数
平碾	250～300	6～8
振动压实机	250～350	3～4
柴油打夯机	200～250	3～4
人工打夯	<200	3～4

(2)填方施工结束后,应检查标高、边坡坡度、压实程度等,验收标准应符合表 3－8 的规定。

表 3－8　填土工程质量验收标准　　　　　　(单位:mm)

项目	序号	项目	允许偏差或允许值					检查方法
			柱基基坑基槽	挖方场地平整		管沟	地(路)面基础层	
				人工	机械			
主控项目	1	标高	－50	±30	±50	－50	－50	水准仪
	2	分层压实系数	设计要求					按规定方法
一般项目	1	回填土料	设计要求					取样检查或直观鉴别
	2	分层厚度及含水量	设计要求					水准仪及抽样检查
	3	表面平整度	20	20	30	20	20	用靠尺或水准仪

二、施工工艺解析

(1)人工回填土施工工艺见表 3－9。

表 3－9　人工回填土施工工艺

项目	内　　容
基坑(槽)底清理	填土前应将基坑(槽)、管沟底的垃圾杂物等清理干净;基槽回填,必须清理到基础底面标高,将回落的松散土、砂浆和石子等清理干净
检验土质	检验回填土的含水率是否在控制范围内,如含水率偏高,采用翻松、晾晒或均匀掺入干土等措施;如遇回填土的含水率偏低,可采用预先洒水润湿等措施

续上表

项目	内　　容
分层铺土、耙平	(1)回填土应分层铺摊和夯实。每层铺土厚度应根据土质、密实度要求和机具性能确定。一般蛙式打夯机每层铺土厚度为200~250 mm;人工打夯不超过150 mm。每层铺摊后,随之耙平。 (2)基坑回填应相对两侧或四周同时进行。基础墙两侧回填土的标高不可相差太多,以免把墙挤歪;较长的管沟墙,应采用内部加支撑的措施,然后再在外侧回填土方。 (3)深浅基坑相连时,应先填深坑。分段填筑时交接处应做成1:2的阶梯状,且分层交接处应铺开,上下层错缝距离不应小于1 m,夯打重叠宽度应为0.5~1 m。接缝不得留在基础、墙角和柱墩等重要部位。 (4)回填土每层夯实后,应按规范规定进行环刀取样,实测回填土的最大干密度,达到要求后再铺上一层的土。 (5)非同时进行的回填段之间的搭接处,不得形成陡坎,应将夯实层留成阶梯状,阶梯的宽度应大于高度的2倍
夯打密实	(1)回填土每层至少夯打三遍。打夯应一夯压半夯,夯夯连接,纵横交叉,并且严禁用浇水使土下沉的所谓"水夯"法。 (2)深浅两基坑(槽)相连时,应先填夯深基坑,填至浅基坑标高时,再与浅基坑一起填夯。如必须分段夯实时,交接处应呈阶梯形,且不得漏夯。上下层错缝距离不小于1.0 m。 (3)回填房心及管沟时,为防止管道中心线位移或损坏管道,应用人工先在管子两侧填土夯实;并应由管道两边同时进行,直至管顶500 mm以上时,在不损坏管道的情况下,方可采用蛙式打夯机夯实。在抹带接口处、防腐绝缘层或电缆周围,应回填细粒料。 (4)一般情况下,蛙式打夯机每层夯实遍数为3~4遍,木夯每层夯实遍数为3~4遍,手扶式压路机每层夯实遍数为6~8遍。若经检验,密实度仍达不到要求,应继续夯(压),直到达到要求为止。基坑及地坪应由四周开始,然后再夯向中间
修整找平验收	填土全部完成后,应进行表面拉线找平,凡超过标准高程的地方,及时依线铲平;凡低于标准高程的地方,应补土夯实

(2)机械回填土施工工艺见表3—10。

表3—10　机械回填土施工工艺

项目	内　　容
基底清理	填土前,应将基底表面上的垃圾或树根等杂物、洞穴都处理完毕,清理干净
检验土质	检验各种土料的含水率是否在控制范围内。如含水率偏高可采用翻松,晾晒等措施,如含水率偏低,可采用预先洒水润湿等措施
分层铺土	(1)填土应分层铺摊。每层铺土的厚度应根据土质、密实度要求和机具性能确定。如无试验依据,应符合表3—11的规定。碾压时,轮(夯)迹应相互搭接,防止漏压、漏夯。 (2)填土按照由下而上顺序分层铺填。 (3)推土机运土回填,可采用分堆集中、一次运送的方法,分段距离10~15 m。用推土机来回行驶推平并进行碾压,履带应重叠宽度的一半

项目	内　　容
碾压密实	（1）碾压机械压实填方时，应控制行驶速度，平碾不超过 2 km/h，羊足碾不超过 3 km/h，振动碾不超过 2 km/h。 （2）碾压时，轮（夯）迹应相互搭接，防止漏压或漏夯。长宽比较大时，填土应分段进行。每层接缝处应制作成斜坡形，碾迹重叠 0.5～1.0 m，上下层错缝距离不应小于 1 m。 （3）填方高于基底表面时，应保证边缘部位的压实质量。填土后，如设计不要求边坡修整，宜将填方边缘宽填 0.5m；如设计要求边坡整平拍实，可宽填 0.2 m。 （4）机械施工碾压不到的填土，应配合人工推土，用蛙式或柴油打夯机分层打夯密实
修整找平验收	回填土每层压实后，应按规范规定进行环刀取样，测出土的最大干密度，达到要求后再铺上一层土。 填方全部完成后，表面应进行拉线找平，凡高于规定高程的地方，应及时依线铲平；凡低于规定高程的地方应补土夯实

表 3－11　填土分层铺土厚度和压实遍数

压实机具	分层厚度(mm)	每层压实遍数
平碾	250～300	6～8
羊足碾	200～350	8～16
振动压实碾	250～300	3～4
蛙式、柴油式打夯机	200～250	3～4

（3）土方回填的方法见表 3－12。

表 3－12　土方回填的方法

项目	内　　容
人工填土法	（1）从场地最低部位开始，由一端向另一端自下而上分层铺填，用人工夯实时，每层虚铺厚度，砂质土不大于 30 cm，黏性土 20 cm；用打夯机械夯实时每层虚铺厚度不大于30 cm。 （2）深、浅坑（槽）相连时，应先填深坑（槽），夯实、拍平后与浅坑（槽）全面分层填夯。若分段填筑，交接处应填成阶梯形。对墙基、管道坑（槽）的回填，应在其两侧用细土对称回填、夯实。 （3）人工夯填土用 60～80 kg 的木夯或铁、石夯，由 4～8 人拉绳，2 人扶夯，举高不小于 0.5 m，一夯压半夯，按次序进行。 （4）较大面积人工回填用打夯机夯实，两机平行时，其间距不得小于 3 m，在同一夯行路线上，前后间距不得小于 10 m

续上表

项 目		内　容
机械填土法	推土机填土	由下而上分层铺填,每层厚度不大于 0.3 m。大坡度推填土,不得居高临下,不分层次,一次推填。可采用分堆集中,一次运送方法,分段距离约为 10～15 m,以减少运土损失量。 土方推至填方部位时,应提起一次铲刀,成堆卸土,并向前行驶 0.5～1.0 m,利用推土机后退时将土刮平。用推土机来回行驶进行碾压,履带应重叠一半。宜采用纵向铺填顺序,从挖土,区至填土区段,以 40～60 m 距离为宜
	铲运机填土	铲运机铺土,铺填土区段,长度不宜小于 20 m,宽度不宜小于 8 m。铺土分层进行,每次铺土厚度不大于 30～50 cm 每层铺土后利用空车返回时将地表面刮平。填土程序宜采取横向或纵向分层卸土,以利行驶时初步压实
	自卸汽车填土	自卸汽车为成堆卸土,须配以推土机推开摊平。每层的铺土厚度不大于 30～40 cm。填土可利用汽车形式作为部分压实工作。汽车不能在虚土上行驶,卸土推平和压实工作须采用分段交叉进行

(4)土方回填施工应注意的问题及主要技术文件见表 3—13。

表 3—13　土方回填施工应注意的问题及主要技术文件

项 目	内　容
应注意的问题	(1)未按要求测定土的干土质量密度:回填土每层都应测定夯实后的干土质量密度,检验其密实度,符合设计要求才能铺摊上层土。试验报告要注明土料种类、要求干土质量密度、试验日期、试验结论及试验人员签字。未达到设计要求的部位应有处理方法和复验结果。 (2)回填土下沉:因虚铺土超过规定厚度或冬期施工时有较大冻土块或夯实不够遍数,甚至漏夯,坑(槽)底杂物或落土清理不干净,以及冬期作散水,施工用水渗入垫层中,受冻膨胀等造成。这些问题应在施工中认真执行规范规定,发现后应及时纠正。 (3)管道下部夯填不实:管道下部应按要求填夯回填土,如果漏夯或夯不实会造成管道下方空虚,造成管道折断而渗漏。 (4)回填土夯压不密实:应在夯压前对干土适当洒水加以润湿;回填土太湿,同样压不密实,呈橡皮土现象,这时应挖出橡皮土换土重填。 (5)在地形、工程地质复杂地区内的填土,且对填土密实度要求较高时,应采取措施(如排水暗沟和护坡等),以防填方土粒流失,造成不均匀下沉和坍塌等事故。 (6)填方基土为杂填土时,应按设计要求加固地基,并应妥善处理基底的软硬点、空隙、旧基础和暗塘等。 (7)回填管沟时,为防止管道中心线位移或损坏管道,应用人工先在管子周围填土夯实,并应从管道两边同时进行,直至管顶 0.5 m 以上,在不损坏管道的情况下,可采用机械回填和压实。在抹带接口处,防腐绝缘层或电缆周围,应使用细粒土料回填。 (8)填方应按设计要求预留沉降量,如设计无要求时,可根据工程性质、填方高度、填料种类、密实要求和地基情况等与建设单位共同确定(沉降量一般不超过填方高度的 3%)

项目	内　　容
主要技术文件	(1)土方击实实验报告。 (2)回填土实验报告。 (3)施工日记。 (4)自检记录

第四章 基 坑 工 程

第一节 排桩墙支护工程

一、验收条文

灌注桩、预制桩的检验标准应符合的相关规定。钢板桩均为工厂成品,新桩可按出厂标准检验,重复使用的钢板桩应符合表 2—22 的规定,混凝土板桩应符合表 4—1 的规定。

表 4—1 混凝土板桩制作标准

项目	序号	检查项目	允许偏差或允许值		检查方法
			单位	数值	
主控项目	1	桩长度	mm	$^{+10}_{0}$	用钢尺量
	2	桩身弯曲度	—	$<0.1\%l$	用钢尺量,l 为桩长
一般项目	1	保护层厚度	mm	±5	用钢尺量
	2	模截面相对两面之差	mm	5	用钢尺量
	3	桩尖对桩轴线的位移	mm	10	用钢尺量
	4	桩厚度	mm	$^{+10}_{0}$	用钢尺量
	5	凹凸槽尺寸	mm	±3	用钢尺量

二、施工工艺解析

(1)排桩墙支护工程施工工艺见表 4—2。

表 4—2 排桩墙支护工程施工工艺

项目	内 容
导架安装	为保证沉桩轴线位置的正确和桩的竖直,控制桩的打入精度,防止板桩的屈曲变形和提高桩的贯入能力,一般都需要设置一定刚度的、坚固的导架,亦称"施工围檩"。 导架通常由导梁和围檩桩等组成。它的形式在平面上有单面和双面之分。一般通常是单层双面导架。围檩桩的间距一般为 2.5～3.5 m,双层围檩之间的间距一般比板桩

续上表

项　目	内　　　容
导架安装	墙厚度大8～15 mm。 　　导架的位置不能与钢板桩相碰。围檩桩不能随钢板桩的打设而下沉或变形。导梁的高度要适宜,要有利于控制钢板桩的施工高度和提高工效,要用经纬仪和水准仪控制导梁的位置和标高
钢板桩的打设	先用起重机将钢板桩吊至插桩点处进行插桩,插桩时锁口要对准,每插入一块即套上桩帽轻轻加以锤击。在打桩过程中,为保证钢板桩的垂直度,用两台经纬仪在两个方向加以控制。为防止锁口中心线平面位移,可在打桩进行方向的钢板桩锁口处设卡板,阻止板桩位移。同时在围檩上预先算出每块板块的位置,以便随时检查校正。 　　钢板桩分几次打入,如第一次由 20 m 高打至 15 m,第二次则打至 10 m,第三次打至导梁高度,待导架拆除后,第四次才打至设计标高。 　　打桩时,开始打设的第一、二块钢板桩的打入位置和方向要确保精度,它可以起样板导向作用,一般每打入 1 m 应测量 1 次
钢板桩的转角和封闭	(1)采用异形板桩:异形板桩的加工质量较难保证而且打入和拔出也较困难,特别是用于封闭合拢的异形板桩,一般是在封闭合拢前根据需要进行加工,往往影响施工进度,所以应尽量避免使用异形板桩。 　　(2)连接件法:此法是用特制的"ω"和"δ"型连接件来调整钢板桩的根数和方向,实现板桩墙的封闭和合拢。钢板桩打设时,预先测定实际的板桩墙的有效宽度,并根据钢板桩和连接件的有效宽度确定板桩墙的合拢位置。 　　(3)骑缝搭接法:利用选用的钢板桩或宽度较大的其他型号的钢板桩作闭合板桩,打设于板桩墙闭合处。闭合板桩应搭设于挡土的一侧。此法用于板桩墙要求较低的工程。 　　(4)轴线调整法:此法是通过钢板桩墙轴线设计长度和位置的调整实现封闭合拢。封闭合拢处最好选在短边的角部
钢板桩的拔出	拔除前要研究钢板桩的拔除顺序、拔除时间以及桩孔处理方法。 　　拔桩时会产生一定的振动,如拔桩再带土过多会引起土体位移和地面沉降,可能给已施工的地下结构带来危害,并影响邻近建筑物、道路和地下管线的正常使用。 　　对于封闭式钢板桩墙,拔桩的开始点宜离开角桩 5 根以上,必要时还可采用跳拔的方法间隔拔除。拔桩的顺序一般与打设顺序相反。 　　拔出钢板桩宜用振动锤或振动锤与起重机共同拔除。 　　拔桩时可先用振动锤将锁口振活以减少与土的粘结,然后边振边拔。对较难拔的桩亦可先用柴油锤振打,然后再与振动锤交替进行振打和振拔。为及时回填桩孔,当将桩拔至比基础底板略高时,暂停引拔,用振动锤振动几分钟让土孔填实。对阻力大的钢板桩,还可采用间歇振动的方法。 　　对拔桩产生的桩孔,需及时回填以减少对周围邻近建筑物等的影响,方法有振动法、挤实法和填入法

（2）排桩墙支护工程施工应注意的问题及主要技术文件见表4－3。

表4－3　排桩墙支护工程施工应注意的问题及主要技术文件

项目	内　容
质量验收	（1）灌注桩、预制桩的检验标准应符合相关规范的规定。钢板桩均为工厂成品，新桩可按出厂标准检验，重复使用的钢板桩应进行检查。 （2）排桩施工检查： 1）桩位偏差，轴线和垂直轴线方向均不宜超过50 mm，垂直度偏差不宜大于0.5%； 2）钻孔灌注桩桩底沉渣不宜超过200 mm；当用作承重结构时，桩底沉渣按《建筑桩基技术规范》（JGJ 94—2008）要求执行； 3）排桩宜采取隔桩施工，并应在灌注混凝土24 h后进行邻桩成孔施工； 4）非均匀配筋排桩的钢筋笼在绑扎、吊装和埋设时，应保证钢筋笼的安放方向与设计方向一致； 5）冠梁施工前，应将支护桩桩顶浮浆凿除清理干净，桩顶以上露出的钢筋长度应达到设计要求
应注意的问题	（1）悬臂式排桩结构桩径不宜小于600 mm，桩间距应根据排桩受力及桩间土稳定条件确定。 （2）排桩顶部应设钢筋混凝土冠梁连接，冠梁宽度（水平方向）不宜小于桩径，冠梁高度（竖直方向）不宜小于400 mm。排桩与桩顶冠梁的混凝土强度等级宜大于C20；当冠梁作为连系梁时可按构造配筋。 （3）基坑开挖后，排桩的桩间土防护可采用钢丝网混凝土护面、砖砌等处理方法，当桩间渗水时，应在护面设泄水孔。当基坑面在实际地下水以上且土质较好，暴露时间较短时，可不对桩间土进行防护处理。 （4）排桩墙支护的基坑，开挖后应及时支护，每一道支撑施工应确保基坑变形在设计要求的控制范围内。 （5）在含水地层范围内的排桩墙支护基坑，应有确实可靠的止水措施，确保基坑施工及邻近构筑物的安全
主要技术文件	（1）工程地质勘查报告、施工图、图纸会审纪要、设计变更单及材料代用通知单等。 （2）经审定的施工组织设、施工方案及执行中的变更情况。 （3）基坑定形监测记录。 （4）原材料进场验收及复试报告、施工试验报告等资料。 （5）施工记录、隐蔽工程检查记录

第二节　水泥土桩墙支护工程

一、验收条文

加筋水泥土桩质量验收标准应符合表4－4的规定。

表 4—4　加筋水泥土桩质量验收标准

序号	检查项目	允许偏差或允许值		检查方法
		单位	数值	
1	型钢长度	mm	±10	用钢尺量
2	型钢垂直度	%	<1	经纬仪
3	型钢插入标高	mm	±30	水准仪
4	型钢插入平面位置	mm	10	用钢尺量

二、施工工艺解析

(1)水泥土桩墙支护工程构造要求及施工要求见表 4—5。

表 4—5　水泥土桩墙支护工程构造要求及施工要求

项目	内　容
构造要求	水泥土墙支护(如图 4—1 所示)是以深层搅拌机就地将边坡土和压入的水泥浆强力搅拌形成连续搭接的水泥土柱桩挡墙。 　水泥土墙支护的截面多采用连续式和格栅形。采用格栅形水泥土墙的置换率(即水泥土面积 A_0 与水泥挡土结构面积 A 的比值)对于淤泥不宜小于 0.8,淤泥质土不宜小于 0.7,一般黏性土及砂土不宜小于 0.6,格栅长宽比不宜大于 2。水泥土桩与桩之间的搭接宽度,考虑截水作用不宜小于 150 mm,不考虑截水作用不宜小于 100 mm
施工要求	(1)深层搅拌机械就位时应对中,最大偏差不得大于 20 mm,并且调平机械的垂直度,偏差不得大于 1%桩长。深层搅拌单桩的施工应采用搅拌头上下各两次的搅拌工艺。喷浆时的提升(或下沉)速度不宜大于 0.5 m/min。输入水泥浆的水灰比不宜大于 0.5,泵送压力宜大于 0.3 MPa,泵送流量应恒定。 　(2)深层搅拌水泥土墙施工前,应进行成桩工艺及水泥掺入量或水泥浆的配合比试验,以确定相应的水泥掺入比或水泥浆水灰比,浆喷深层搅拌的水泥掺入量宜为被加固土重度的 15%~18%;粉喷深层搅拌的水泥掺入量宜为被加固土重度的 13%~16%。 　(3)采用高压喷射注浆桩,施工前应通过试喷试验,确定不同土层旋喷固结体的最小直径,高压喷射施工技术参数等。高压喷射水泥水灰比宜为 1.0~1.5。 　(4)水泥土桩墙顶部宜设置 0.15~0.2 m 厚的钢筋混凝土压顶。压顶与水泥土用插筋连结,插筋长度不宜小于 1.0 m,采用钢筋时直径不宜小于 12 mm。 　(5)深层搅拌桩和高压喷射桩水泥土墙的桩位偏差不应大于 50 mm,垂直度偏差不宜大于 0.5%。 　(6)水泥土挡墙应有 28 d 以上的龄期,达到设计强度要求时,才能进行基坑开挖

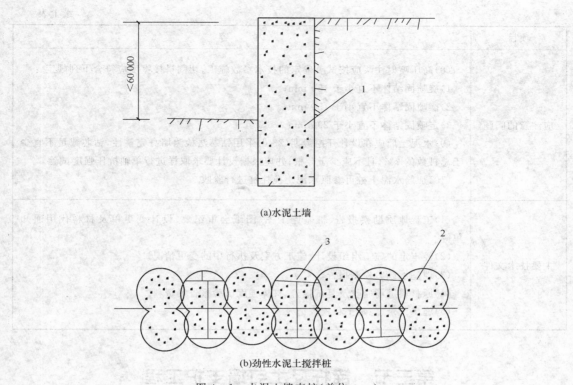

图4—1 水泥土墙支护(单位:mm)

1—水泥土墙;2—水泥土搅拌桩;3—H型钢

(2)水泥土桩墙支护工程施工应注意的问题及主要技术文件见表4—6。

表4—6 水泥土桩墙支护工程施工应注意的问题及主要技术文件

项 目	内 容
应注意的问题	(1)水泥、外加剂的质量,是否符合要求。 (2)控制施工过程中的压力、水泥浆量、提升速度及旋转速度等。 (3)水泥土墙采用格栅布置时,水泥土的置换率对于淤泥不宜小于0.8,淤泥质土不宜小于0.7,一般黏性土及砂土不宜小于0.6;格栅长宽比不宜大于2。 (4)水泥土桩与桩之间的搭接宽度应根据挡土及截水要求确定,考虑截水作用时,桩的有效搭接宽度不宜小于150 mm;当不考虑截水作用时,搭接宽度不宜小于100 mm。水泥土挡墙是靠桩与桩的搭接形成连续墙,桩的搭接是保证水泥墙的抗渗漏及整体性的关键,由于桩施工有一定的垂直度偏差,应控制其搭接宽度。 (5)当变形不能满足要求时,宜采用基坑内侧土体加固或水泥土墙插筋加混凝土面板及加大嵌固深度等措施。 (6)水泥土墙应采取切割搭接法施工。应在前桩水泥土尚未固化时进行后续搭接桩施工。施工开始和结束的头尾搭接处,应采取加强措施,消除搭接沟缝。 (7)当设置插筋时桩身插筋应在桩顶搅拌完成后及时进行。插筋材料、插入长度和露出长度等均应按计算和构造要求确定。

续上表

项 目	内　　容
应注意的问题	(8)高压喷射注浆应按试喷确定的技术参数施工,切割搭接宽度应符合下列规定: 1)旋喷固结体不宜小于 150 mm; 2)摆喷固结体不宜小于 150 mm; 3)定喷固结体不宜小于 200 mm。 (9)水泥土墙应在设计开挖龄期(28 d)采用钻芯法检测墙身完整性,钻芯数量不宜少于总桩数的 2‰,且不应少于 5 根;并应根据设计要求取样进行单轴抗压强度试验。 (10)加筋水泥土桩可参照水泥土搅拌桩进行验收
主要技术文件	(1)工程地质勘察报告、桩基施工图、图纸会审纪要、设计变更单及材料代用通知单等。 (2)经审定的施工组织设计、施工方案及执行中的变更情况。 (3)地基承载力检测报告。 (4)原材料进场验收及复试报告、桩体强度试验报告等资料。 (5)施工记录、隐蔽工程检查记录

第三节　锚杆及土钉墙支护工程

一、验收条文

锚杆及土钉墙支护工程质量验收标准应符合表 4—7 的规定。

表 4—7　锚杆及土钉墙支护工程质量验收标准

项目	序号	检查项目	允许偏差或允许值		检查方法
			单位	数值	
主控项目	1	锚杆土钉长度	mm	±30	用钢尺量
	2	锚杆锁定力	设计要求		现场实测
一般项目	1	锚杆或土钉位置	mm	±100	用钢尺量
	2	钻孔倾斜度	(°)	±1	测钻机倾角
	3	浆体强度	设计要求		试样送检
	4	注浆量	大于理论计算浆量		检查计量数据
	5	土钉墙面厚度	mm	±10	用钢尺量
	6	墙体强度	设计要求		试样送检

二、施工材料要求

施工材料要求见表 4—8。

表 4—8　施工材料要求

项目	内　　容
土钉钢筋	土钉钢筋采用 HRB355 级、HRB400 级钢筋,钢筋直径一般为 16～32 mm,钻孔直径为 70～120 mm
注浆材料	注浆材料采用水泥浆或水泥砂浆,其强度等级不要低于 M10
钢筋网	喷射混凝土面层配置钢筋网,钢筋直径为 6～10 mm,间距为 150～300 mm;喷射混凝土强度等级不应低于 C20,面层厚度不小于 80 mm
杆体材料	锚杆杆体材料一般选用钢绞线或精轧螺纹钢筋,当锚杆极限承载力小于 500 kN 时,可采用 HRB335 级钢筋或 HRB400 级钢筋

三、施工工艺解析

(1)土钉墙支护施工工艺见表 4—9。

表 4—9　土钉墙支护施工工艺

项目	内　　容
排水设施的设置	(1)水是土钉支护结构最为敏感的问题,不但要在施工前做好降排水工作,还要充分考虑土钉支护结构工作期间地表水及地下水的处理,设置排水构造措施。 (2)基坑四周地表应加以修整并构筑明沟排水和水泥砂浆或混凝土地面,严防地表水向下渗流。 (3)基坑边壁有透水层或渗水土层时,混凝土面层上要做泄水孔,按间距 1.5～2.0 m 均布插设长 0.4～0.6 m、直径 40 mm 的塑料排水管,外管口略向下倾斜。 (4)为了排除积聚在基坑内的渗水和雨水,应在坑底设置排水沟和集水井。排水沟应离开坡脚 0.5～1.0 m,严防冲刷坡脚。排水沟和集水井宜采用砖砌并用砂浆抹面以防止渗漏。坑内积水应及时排除
基坑开挖	(1)基坑要按设计要求严格分层分段开挖,在完成上一层作业面土钉与喷射混凝土面层达到设计强度的 70% 以前,不得进行下一层土层的开挖。每层开挖最大深度取决于在支护投入工作前土壁可以自稳而不发生滑移破坏的能力,实际工程中常取基坑每层挖深与土钉竖向间距相等。每层开挖的水平分段也取决于土壁自稳能力,且与支护施工流程相互衔接,一般为 10～20 m。当基坑面积较大时,允许在距离基坑四周边坡 8～10 m 的基坑中部自由开挖,但应注意与分层作业区的开挖相协调。 (2)挖土要选用对坡面土体扰动小的挖土设备和方法,严禁边坡出现超挖或造成边壁土体松动。坡面经机械开挖后要采用小型机械或人工进行切削清坡,以使坡度与坡面平整度达到设计要求

续上表

项　目	内　　　容
边坡处理	(1)对修整后的边坡,立即喷上一层薄的混凝土,强度等级不宜低于C20,凝结后再进行钻孔。 (2)在作业面上先构筑钢筋网喷射混凝土面层,钢筋保护层厚度不宜小于20 mm,面层厚度不宜小于80 mm,而后进行钻孔和设置土钉。 (3)在水平方向上分小段间隔开挖。 (4)先将作业深度上的边壁做成斜坡,待钻孔并设置土钉后再清坡。 (5)在开挖前,沿开挖面垂直击入钢筋或钢管或注浆加固土体
设置土钉	若土层地质条件较差时,在每步开挖后应尽快做好面层,即对修整后的边壁立即喷上一层薄混凝土或砂浆;若土质较好的话,可省去该道面层。 土钉设置通常做法是先在土体上成孔,然后置入土钉钢筋并沿全长注浆,也可以是采用专门设备将土钉钢筋击入土体
钻孔	(1)钻孔前应根据设计要求定出孔位并作出标记和编号,钻孔时要保证位置正确(上下左右及角度),防止高低参差不齐和相互交错。 (2)钻进时要比设计深度多钻进100～200 mm,以防止孔深不够。 (3)采用的机具应符合土层的特点,满足设计要求,在进钻和抽钻杆过程中不得引起土体坍孔。在易坍孔的土体中钻孔时宜采用套管成孔或挤压成孔
插入土钉钢筋	插入土钉钢筋前要进行清孔检查,若孔中出现局部渗水、塌孔或掉落松土,应立即处理。土钉钢筋置入孔中前,要先在钢筋上安装对中定位支架,以保证钢筋处于孔位中心且注浆后其保护层厚度不小于25 mm。支架沿钉长的间距可为2～3 m左右,支架可为金属或塑料件,以不妨碍浆体自由流动为宜
注浆	(1)注浆材料宜选用水泥浆、水泥砂浆。注浆用水泥砂浆的水灰比不宜超过0.4～0.45,当用水泥净浆时水灰比不宜超过0.45～0.5,并宜加入适量的速凝剂等外加剂以促进早凝和控制泌水。 (2)注浆前要验收土钉钢筋安设质量是否达到设计要求。 (3)一般可采用重力、低压(0.4～0.6 MPa)或高压(1～2 MPa)注浆,水平孔应采用低压或高压注浆。压力注浆时应在孔口或规定位置设置止浆塞,注满后保持压力3～5 min。重力注浆以满孔为止,但在浆体初凝前需补浆1～2次。 (4)对于向下倾角的土钉,注浆采用重力或低压注浆时宜采用底部注浆方式,注浆导管底端应插至距孔底250～500 mm处,在注浆同时将导管匀速缓慢地撤出。注浆过程中注浆导管口应始终埋在浆体表面以下,以保证孔中气体能全部逸出。 (5)注浆时要采取必要的排气措施。对于水平土钉的钻孔,应用孔口部压力注浆或分段压力注浆,此时需配排气管并与土钉钢筋绑扎牢固,在注浆前与土钉钢筋同时送入孔中。 (6)向孔内注入浆体的充盈系数必须大于1。每次向孔内注浆时,宜预先计算所需的浆体体积并根据注浆泵的冲程数计算出实际向孔内注入的浆体体积,以确认实际注浆量超过孔内容积。

续上表

项目	内 容
注浆	(7)注浆材料应拌和均匀,随拌随用,一次拌和的水泥浆、水泥砂浆应在初凝前用完。 (8)注浆前应将孔内残留或松动的杂土清除干净。注浆开始或中途停止超过 30 min时,应用水或稀水泥浆润滑注浆泵及其管路。 (9)为提高土钉抗拔能力,还可采用二次注浆工艺
铺钢筋网	(1)在喷混凝土之前,先按设计要求绑扎、固定钢筋网。面层内钢筋网片应固定在边壁上,并符合设计规定的保护层厚度要求。钢筋网片可用插入土中的钢筋固定,但在喷射混凝土时不应出现振动。 (2)钢筋网片可焊接或绑扎而成,网格允许偏差为±10 mm。铺设钢筋网时每边的搭接长度应不小于一个网格边长或300 mm,如为搭接焊则单面焊接长度不小于网片钢筋直径的 10 倍。网片与坡面间隙不小于 20 mm。 (3)土钉与面层钢筋网的连接可通过垫片、螺帽及土钉端部螺纹杆固定。垫片钢板厚8～10 mm,尺寸为 200 mm×200 mm 至 300 mm×300 mm。垫板下空隙需先用高强水泥砂浆填实,待砂浆达到一定强度后方可旋紧螺帽以固定土钉。土钉钢筋也可通过井字加强钢筋直接焊接在钢筋网上等措施。 (4)当面层厚度大于 120 mm 时宜采用双层钢筋网,第二层钢筋网应在第一层钢筋网被混凝土覆盖后铺设
喷射面层	(1)喷射混凝土的配合比应通过试验确定,粗集料最大粒径不宜大于 12 mm,水灰比不宜大于 0.45,并应通过外加剂来调节所需工作度和早强时间。当采用干法施工时,应事先对操作人员进行技术考核,以保证喷射混凝土的水灰比和质量达到设计要求。 (2)喷射混凝土前,应对机械设备、风、水管路和电路进行全面检查和试运转。为保证喷射混凝土厚度达到均匀的设计值,可在边壁上隔一定距离打入垂直短钢筋段作为厚度标志。喷射混凝土的射距宜保持在 0.6～1.0 m 范围内,并使射流垂直于壁面。在有钢筋的部位可先喷钢筋的后方以防止钢筋背面出现空隙。喷射混凝土的路线可从壁面开挖层底部逐渐向上进行,但底部钢筋网搭接长度范围以内先不喷混凝土,待与下层钢筋网搭接绑扎之后再与下层壁面同时喷射混凝土。混凝土面层接缝部分做成 45°角斜面搭接。当设计面层厚度超过 100 mm 时,混凝土应分两层喷射,一次喷射厚度不宜小于40 mm,且接缝错开。混凝土接缝在继续喷射混凝土之前应清除浮浆碎屑,并喷少量水润湿。 (3)面层喷射混凝土终凝后 2 h 应喷水养护,养护时间宜在 3～7 d,养护视当地环境条件可采用喷水、覆盖浇水或喷涂养护剂等方法。 (4)喷射混凝土强度可用边长为 100 mm 的立方体试块进行测定。制作试块时,将试模底面紧贴边壁,从侧向喷入混凝土,每批至少留取 3 组(每组 3 块)试件
土钉现场测试	土钉支护施工必须进行的现场抗拔试验,应在专门设置的非工作钉上进行抗拔试验,应在专门设置的非工作钉上进行抗拔试验

续上表

项目	内　容
施工监测	（1）土钉的施工监测应包括：支护位移、沉降的观测；地表开裂状态（位置、裂宽）的观察；附近建筑物和重要管线等设施的变形测量和裂缝宽度观测；基坑渗、漏水和基坑内外地下水位的变化。 　　在支护施工阶段，每天监测不少于1～2次；在支护施工完成后、变形趋于稳定的情况下每天1次。监测过程应持续至整个基坑回填结束为止。 　　（2）观测点的设置：每个基坑观测点的总数不宜少于3个，间距不宜大于30 m。其位置应选在变形量最大或局部条件最为不利的地段。观测仪器宜用精密水准仪和精密经纬仪。 　　（3）当基坑附近有重要建筑物等设施时，也应在相应位置设置观测点，在可能的情况下，宜同时测定基坑边壁不同深度位置处的水平位移，以及地表距基坑边壁不同距离处的沉降。 　　（4）应特别加强雨天和雨后的监测，以及对各种可能危及支护安全的水害来源（如场地周围生产、生活用水，上下水管、贮水池罐、化粪池漏水，人工井点降水的排水，因开挖后土体变形造成管道漏水等）进行观察。 　　（5）在施工开挖过程中，基坑顶部的侧向位移与当时的开挖深度之比超过3‰（砂土中）和4‰（一般黏性土）时应密切加强观察，分析原因并及时对支护采取加固措施，必要时增用其他支护方法

（2）深基坑干作业成孔锚杆支护施工工艺流程见表4—10。

表4—10　深基坑干作业成孔锚杆支护施工工艺流程

项目	内　容
确定孔位	钻孔位置直接影响到锚杆的安装质量和力学效果，因此，钻孔前应由技术人员按施工方案要求定出孔位，标注醒目的标志，不可由钻机机长目测定位。因此要随时注意调整好锚孔位置（上下左右及角度），防止高低参差不齐和相互交错
钻机就位	确定孔位后，将钻机移至作业平台，调试检查
调整角度	钻机就位后，由机长调整钻杆钻进角度，并经现场技术人员用量角仪检查合格后，方可正式开钻。另外，要特别注意检查钻杆左右倾斜度
钻孔并清孔	（1）锚杆机就位前应先检查钻杆端部的标高、锚杆的间距是否符合设计要求。就位后必须调整钻杆，符合设计的水平倾角，并保证钻杆的水平投影垂直于坑壁，经检查无误后方可钻进。 　　（2）钻进时应根据工程地质情况，控制钻进速度，防止憋钻。遇到障碍物或异常情况应及时停钻，待情况清楚后再钻进或采取相应措施。 　　（3）钻至设计要求深度后，空钻慢慢出土，以减少拔钻杆时的阻力，然后拔出钻杆。 　　（4）清孔、锚杆组装和安放：安放锚杆前，干式钻机应采用洛阳铲等手工方法将附在孔壁上的土屑或松散土清除干净

项目	内　容
安装锚索	(1)每根钢绞线的下料长度＝锚杆设计长度＋腰梁的宽度＋锚索张拉时端部最小长度(与选用的千斤顶有关)。 (2)钢绞线自由段部分应涂满黄油，并套入塑料管，两端绑牢，以保证自由段的钢绞线能伸缩自由。 (3)捆扎钢绞线隔离架，沿锚杆长度方向每隔 1.5 m 设置一个。 (4)锚索加工完成，经检查合格后，小心运至孔口。入孔前将 $\phi15$ mm 镀锌管(做注浆管)平行一起送，然后将锚索与注浆管同步送入孔内，直到孔口外端剩余最小张拉长度为止。如发现锚索安插入孔内困难，说明钻孔内有黏土堵塞，不要再继续用力插入，使钢绞线与隔离架脱离。应拔出，并清除出孔内的黏土，重新安插到位
一次注浆	(1)宜选用灰砂比(1∶1)～(1∶2)，水灰比为 0.38～0.45 的水泥砂浆或水灰比为 0.45～0.50 的纯水泥浆，必要时可加入一定的外加剂或掺合料。 (2)在灌浆前将管口封闭，接上压浆管，即可进行注浆，浇筑锚固体，灌浆是土层锚杆施工中的一道关键工序，必须认真执行，并作好记录。 (3)一次灌浆法只用一根灌浆管，利用泥浆泵进行灌浆，灌浆管端距孔底 300～500 mm 处，待浆液流出孔口时，用水泥袋纸等捣塞入孔口，并用湿黏土封堵孔口，严密捣实，再以2～4 MPa 的压力进行补灌，要稳压数分钟灌浆才告结束。 (4)第一次灌浆，其压力为 0.3～0.5 MPa，流量为 100 L/min。水泥砂浆在上述压力作用下流向钻孔。第一次灌浆量根据孔径和锚固段的长度而定。第一次灌浆后可将灌浆管拔出，以重复使用
二次高压灌浆	(1)宜选用水灰比 0.45～0.55 的纯水泥浆。 (2)待第一次灌注的浆液初凝后，进行第二次灌浆，控制压力为 2.5～5 MPa 左右，并稳压 2 min，浆液冲破第一次灌浆体，向锚固体与土的接触面之间扩散，使锚固体直径扩大，增加径向压应力。由于压力注浆，使锚固体周围的土受到压缩，孔隙比减小，含水量减少，也提高了土的内摩擦角。因此，二次灌浆法可以显著提高土层锚杆的承载能力。 (3)二次灌浆法要用两根灌浆管，第一次灌浆用灌浆管的管端距离锚杆末端 50 cm 左右，管底出口处用黑胶布等封住，以防沉放时土进入管口。第二次灌浆用灌浆管的管端距离锚杆末端 100 cm 左右，管底出口处亦用黑胶布封住，且从管端 50 cm 处开始向上每隔 2 m 左右作出 1 m 长的花管，花管的孔眼为 $\phi8$ mm，花管段数视锚固段长度而定。 (4)注浆前用水引路，润湿，检查输浆管道；注浆后及时用水清洗搅浆、压浆设备和灌浆管等，在灌浆体硬化之前，不能承受外力或由外力引起的锚杆位移
安装钢腰梁及锚头	(1)根据现场测量挡土结构的偏差，加工异型支撑板，进行调整，使腰梁承压面在同一平面上，使腰梁受力均匀。 (2)将工字钢组装焊接成箱型腰梁，用吊装机械进行安装。 (3)安装时，根据锚杆角度，调整腰梁的受力面，保证与锚杆作用力方向垂直

续上表

项 目	内　　　容
张拉	张拉前要校核千斤顶,检查锚具硬度,清擦孔内油污、泥浆。还要处理好腰梁表面锚索孔口使其平整。避免张拉应力集中,加垫钢板,然后用 0.1～0.2 轴向拉力设计值 N_t 对锚杆预张拉1～2次,使杆体完全平直,各部位接触紧密。 　　张拉力要根据实际所需的有效张拉力和张拉力的可能松弛程度而定,一般按设计轴向力的 75%～85% 进行控制。 　　当锚固段的强度大于 15 MPa 并达到设计强度等级的 75% 后方可进行张拉。 　　张拉时宜先使横梁与托架紧贴,然后再用千斤顶进行整排锚杆的正式张拉。宜采用跳拉法或往复式张拉法,以保证钢筋或钢绞线与横梁受力均匀。 　　张拉过程中,按照设计要求张拉荷载分级及观测时间进行,每级加荷等级观测时间内,测读锚头位移不应少于 3 次。当张拉等级达到设计拉力时,保持 10 min(砂土)至 15 min(黏性土)3次,每次测读位移值不大于 1 mm 才算变位趋于稳定,否则继续观察其变位,直至趋于稳定方可
锚头锁定	(1)考虑到设计要求张拉荷载要达到设计拉力,而锁定荷载为设计拉力的 70%,因此张拉时的锚头处不放锁片,张拉荷载达到设计拉力后,卸荷到 0,然后在锚头安插锁片,再张拉到锁定荷载。 　　(2)张拉到锁定荷载后,锚片锁紧或拧紧螺母,完成锁定工作。 　　(3)分层开挖并做支护,进入下一层锚杆施工,工艺同上

（3）深基坑湿作业成孔锚杆支护施工工艺流程见表 4—11。

表 4—11　深基坑湿作业成孔锚杆支护施工工艺流程

项 目	内　　　容
钻机就位	参见表 4—10 的相关内容
校正孔位,调整角度	参见表 4—10 的相关内容
打开水源、钻孔	(1)先启动水泵注水钻进。 　　(2)钻孔采用带有护壁套管的钻孔工艺,套管外径为 150 mm。严格掌握钻孔的方位,调正钻杆,符合设计的水平倾角,并保证钻杆的水平投影垂直于坑壁,经检查无误后方可钻进。 　　(3)钻进时应根据工程地质情况,控制钻进速度。遇到障碍物或异常情况应及时停钻,待情况清楚后再钻进或采取相应措施。钻孔深度大于锚杆设计长度 200 mm。 　　(4)钻孔达到设计要求深度后,应用清水冲洗套管内壁,不得有泥砂残留。 　　(5)护壁套管应在钻孔灌浆后方可拔出
反复提内钻杆冲洗	每节钻杆在接杆前,一定要反复冲洗外套管内泥水,直到清水溢出

续上表

项目	内　　容
接内套管钻杆及外套管	(1)接装内套管。 (2)安外套管时要停止供水,把螺纹处泥砂清除干净,抹上少量黄油,要保证接的套管与原有套管在同一轴线上。 (3)继续钻进至设计孔深
清孔	湿式钻机应采用清水将孔内泥土冲洗干净
停水、拔内钻杆	待冲洗干净后停水,然后退出内钻杆,逐节拔出后,用测量工具测深并作记录
插放钢绞线束及注浆管	参见表4-10"安装锚具"的相关内容
压注水泥浆	参见表4-10中"一次注浆"的相关内容
二次注浆	参见表4-10中"二次高压灌浆"的相关内容
安装钢腰梁及锚头	参见表4-10的相关内容
预应力张拉	参见表4-10中"张拉"的相关内容
锁定	参见表4-10中"锚头锁定"中的(1)和(2)

(4)锚杆及土钉墙支护工程质量验收见表4-12。

表4-12　锚杆及土钉墙支护工程质量验收

项目	内　　容
检查锚杆工程施工方案	(1)HRB335级和HRB400级钢筋接长采用双面搭接焊,焊缝长度不应小于8d(d为钢筋直径)。杆体接长或杆体与螺杆焊接都必须按设计要求使用焊条,精轧螺纹钢筋可采用定型套筒连接。 (2)钻孔深度应超过锚杆设计长度0.3~0.5 m。锚孔角度为俯角5°~20°,允许偏差±5%。孔径不得小于80 mm,孔位可在500 mm范围内调整。 (3)注浆。 1)按设计配合比拌料,一次拌和的水泥浆要在初凝前用完; 2)注浆前应将孔内清除干净,注浆管宜与锚杆杆体绑扎在一起,一次注浆管距孔底宜为100~200 mm,二次注浆管的出浆孔应进行可灌密封处理; 3)二次高压注浆压力要控制在2.5~5.0 MPa之间,注浆时间可根据注浆工艺试验确定或一次注浆锚固体强度达到5 MPa后进行; 4)注浆开始或中途停止超过30 min时,要用水润滑注浆泵及其管路。 (4)用于一级基坑工程的锚杆应进行锚杆预应力变化的监测。监测锚杆应具有代表性,监测锚杆数量不应少于工程锚杆的2%,且不应少于3根。锚杆监测时间一般不少于6个月,张拉锁定后最初10 d应每天测定一次,11~30 d测定一次,再后每10 d测定一次,必要时(如开挖、降雨、下排锚杆张拉和出现突变征兆等)应加密监测次数。

项 目	内　　　容
检查锚杆工程施工方案	监测结果应及时反馈给有关单位,必要时可采取重复张拉,适当放松或增加锚杆数量以确保基坑安全
土钉墙支护工程设计施工要求	(1)土钉支护是以较密排列的插筋作为土体主要补强手段,通过插筋锚体与土体和喷射混凝土面层共同工作,形成补强复合土体,达到稳定边坡的目的。适用于基坑以上土体的加固。 　　土钉支护适用于地下水位以上或人工降水后的黏性土、粉土、杂填土及非松散砂土、卵石土等,不宜用于淤泥质土、饱和软土及未经降水处理地下水位以下的土层。对变形有严格要求的护坡工程,土钉支护应进行变形预测分析,符合要求后方可采用。土钉墙一般适用于开挖深度不超过 5 m 的基坑。 　　(2)土钉材料的置入,可分为钻孔置入、打入置入或射入置入方式。常用钻孔注浆型土钉。 　　1)土钉的长度宜为开挖深度的 0.5～1.2 倍,间距宜为 1～2 m,与水平面夹角宜为 5°～20°; 　　2)土钉钢筋采用 HRB355 级、HRB400 级钢筋,钢筋直径一般为 16～32 mm,钻孔直径为 70～120 mm; 　　3)注浆材料采用水泥浆或水泥砂浆,其强度等级不要低于 M10; 　　4)喷射混凝土面层配置钢筋网,钢筋直径为 6～10 mm,间距为 150～300 mm;喷射混凝土强度等级最好不低于 C20,面层厚度不小于 80 mm; 　　5)坡面上下段钢筋网搭接长度应大于 300 mm; 　　6)土钉头与钢筋网连接。当土钉头之间有加强钢筋通过时,要与土钉焊接;当土钉头之间无加强钢筋通过时,可用不小于 $4\phi16$、长度为 200～300 mm 的钢筋在土钉头处呈井字架与土钉头连接。 　　(3)当地下水位高于基坑底面时,应采取降水或截水措施;土钉墙墙顶应采用砂浆或混凝土护面,坡顶和坡脚应设排水措施,坡面上可根据具体情况设置泄水孔。 　　(4)上层土钉注浆体及喷射混凝土面层达到设计强度的 70% 后方可开挖下层土钉及下层土钉施工。 　　基坑开挖和土钉墙施工应按设计要求自上而下分段分层进行。在结构开挖后,应辅以人工修整坡面,坡面平整度的允许偏差宜为 ±20 mm,在坡面喷射混凝土支护前,应清除坡面虚土。 　　(5)土钉墙施工可按下列顺序进行: 　　1)应按设计要求开挖工作面,修整边坡,埋设喷射混凝土厚度控制标志; 　　2)喷射第一层混凝土; 　　3)钻孔安设土钉、注浆,安设连接件; 　　4)绑扎钢筋网,喷射第二层混凝土; 　　5)设置坡顶、坡面和坡脚的排水系统。 　　(6)土钉成孔施工质量允许偏差如下: 　　1)孔深允许偏差为 ±50 mm; 　　2)孔径允许偏差为 +5 mm; 　　3)孔距允许偏差为 ±100 mm。

续上表

项目	内　容
土钉墙支护工程设计施工要求	（7）喷射混凝土作业要符合下列规定： 1）喷射作业应分段进行，同一分段内喷射顺序应自下而上，一次喷射厚度不宜小于40 mm； 2）喷射混凝土时，喷头与受喷面应保持垂直，距离为0.6～1.0 m； 3）喷射混凝土终凝2 h后，应喷水养护，养护时间根据气温确定，一般为3～7 h。 （8）喷射混凝土面层中的钢筋网铺设应符合下列规定： 1）钢筋网应在喷射一层混凝土后铺设，钢筋保护层厚度不宜小于20 mm； 2）采用双层钢筋网时，第二层钢筋网应在第一层钢筋网被混凝土覆盖后铺设； 3）钢筋网与土钉应连接牢固。 （9）注浆作业要符合以下规定： 1）注浆前应将孔内残留或松动的杂土清除干净；注浆开始或中途停止超过30 min时，应用水或稀水泥浆润滑注浆及其管路； 2）注浆时，注浆管应插至距孔底250～500 mm处，孔口部位宜设置止浆塞及排气管； 3）土钉钢筋应设定位支架

（5）锚杆及土钉墙支护工程施工中应注意的问题及主要技术文件见表4—13。

表4—13　锚杆及土钉墙支护工程施工中应注意的问题及主要技术文件

项目	内　容
应注意的问题	（1）锚杆及土钉墙支护工程施工前应熟悉地质资料、设计图纸及周围环境，降水系统应确保正常工作，必须的施工设备如挖掘机、钻机、压浆泵和搅拌机等能正常运转。 （2）一般情况下，应遵循分段开挖、分段支护的原则，不宜按一次挖完再行支护的方式施工。 （3）每段支护体施工完后，应检查坡顶或坡面位移，坡顶沉降及周围环境变化，如有异常情况应采取措施，恢复正常后方可继续施工
主要技术文件	（1）工程地质勘察报告、桩基施工图、图纸会审纪要、设计变更单及材料代用通知单等。 （2）企业资质证书及相关专业人员岗位证书。 （3）经审定的施工组织设计、施工方案及执行中的变更情况。 （4）地基检测报告、施工测量记录。 （5）原材料进场检验及复试报告、施工试验报告包括锚杆、土钉锁定力、钢筋连接和混凝土抗压强度报告等。 （6）施工记录、隐蔽工程检查记录及基坑支护变形监测记录等

第四节　钢或混凝土支撑工程

一、验收条文

钢或混凝土支撑系统工程质量验收标准应符合表4—14的规定。

表 4—14   钢及混凝土支撑系统工程质量验收标准

项目	序号	检查项目		允许偏差或允许值		检查方法
				单位	数值	
主控项目	1	支撑位置	标高	mm	30	水准仪
			平面	mm	100	用钢尺量
	2	预加顶力		kN	±50	油泵读数或传感器
一般项目	1	围图标高		mm	30	水准仪
	2	立柱桩		参见《建筑地基基础工程施工质量验收规范》(GB 50202—2002)第 5 章		
	3	立柱位置	标高	mm	30	水准仪
			平面	mm	50	用钢尺量
	4	开挖超深(开槽放支撑不在此范围)		mm	<200	水准仪
	5	支撑安装时间		设计要求		用钟表估测

二、施工工艺解析

(1)钢或混凝土支撑系统工程支撑系统设计见表 4—15。

表 4—15   钢或混凝土支撑系统工程支撑系统设计

项目	内 容
水平支撑的截面设计	(1)支撑构件的承载力验算应根据在各工况下计算内力包络图进行。其承载力表达式为: $$\gamma_0 F \leqslant R \qquad (4-1)$$ 式中 γ_0 ——支护结构的重要性系数; 　　　 F ——支撑构件荷载效应的设计值; 　　　 R ——按现行国家有关结构设计规范确定的抗力效应设计值。 (2)水平支撑按偏心受压构件计算。杆件弯矩除由竖向荷载产生的弯矩外,尚应考虑轴向力对杆件的附加弯矩,附加弯矩可按轴向力乘以初始偏心距确定。偏心距按实际情况确定,且对钢支撑不小于 40 mm,对混凝土支撑不小于 20 mm。 (3)支撑的计算长度:对于混凝土支撑,在竖向平面内取相邻立柱的中心距,在水平面内取与之相交的相邻支撑的中心距。对于钢支撑如纵横向支撑不在同一标高上相交时,其水平面内的计算长度应取与该支撑相交的相邻支撑的中心距的 1.5～2 倍,其他情况下的计算长度同混凝土支撑。 　　 钢支撑可采用钢管、工字钢、槽钢或用角钢焊成的组合格构柱。因上述材料均由工厂生产,有关断面几何参数和力学特征均可在产品目录中查到或从有关钢结构设计手册中检索。当特别需要时可以用钢板截割焊接成需要的断面。设计时先选用、试算、修改、验算合格后,再确定断面的设计。

续上表

项　目	内　　容
水平支撑的截面设计	钢筋混凝土支撑的断面最简单的是做成矩形。为满足受力要求或施工需要也可以做成其他形式，其中部分形式如图4—2所示。 　　在混凝土支撑两侧可加做些简单栏杆以保证行人安全。为了考虑后期拆除方便，可在混凝土支撑断面内预留孔洞，以备后期采用爆破方法拆除时安装炸药。采用爆破拆除方案时，应征得当地有关部门的批准。 　　钢支撑的连接主要采用焊接或高强螺栓连接。钢构件拼接点的强度不应低于构件自身的截面强度。对于格构式组合构件的缀条应采用型钢或扁钢，不得采用钢筋。 　　钢管与钢管的连接一般以法兰盘形式连接和内衬套管焊接，分别如图4—3和图4—4所示。当不同直径的钢管连接时，采用锥形过渡，如图4—5所示。钢管与钢管在同一平面相交时采用破口焊连接，如图4—6和图4—7所示。 　　钢管或型钢与混凝土构件相连处须在混凝土内预埋连接钢板及安装螺栓等（图4—8）。当钢管或型钢支撑与混凝土构件斜交时，混凝土构件宜浇成与支撑轴线垂直的支座面，如图4—9所示
压顶梁与腰梁设计	由基坑外侧水、土及地面荷载所产生的对竖向围护构件的水平作用力通过压顶梁和腰梁传给支撑。同时设置了压顶梁和腰梁后可使原来各自独立的竖向围护构件形成一个闭合的连续的抵抗水平力的整体，其刚度对围护结构的整体刚度影响很大。因此压顶梁与腰梁是内撑式支护结构的必备构件。 　　压顶梁通常采用现浇钢筋混凝土结构，以保证有较好的连续性和整体性。 　　腰梁可用型钢或钢筋混凝土结构。钢腰梁可以采用H型钢、槽钢或由这类型钢的组合构件。钢腰梁预制分段长度不应小于支撑间距的1/3，拼接点尽量设在支撑点附近并不超过支撑点间距的三分点。拼装节点宜用高强螺栓或焊接，拼接强度不得低于构件本身的截面强度。 　　压顶梁和腰梁首先是水平方向受弯的多跨连续梁，所以采用扁宽形截面效果更好。各计算跨度为相邻支撑点之间的中心距。 　　当压顶梁、腰梁成闭合结构，与水平支撑斜交，作为边桁架的弦杆或本身为弧形梁时，还应按偏心受压构件进行验算。它们的轴向力为另一方向梁端传来的压力、水平支撑轴向力的分力、桁架弦的计算轴向力、弧形梁的环向压力。当弧形压顶梁和腰梁为纯圆环梁且不产生弯矩时，则可按中心受压构件验算。压顶梁的断面宽度要大于竖向围护结构件的横向外包尺寸（每侧外伸至少100 mm），且可在内侧面向下作一反边（图4—10）。 　　压顶梁与竖向围护构件的连接必须可靠，不致造成"脱帽"。要求混凝土围护桩的主筋锚入压顶梁内，锚固长度不小于$(30\sim35)d$。当竖向围护构件为钢桩时也应采取一定的锚固措施。 　　当压顶梁与支撑构件均为钢筋混凝土结构时最好同时施工。当支撑采用钢结构时，则应在压顶梁的支撑节点位置预埋铁件或设必要的混凝土支座，以确保支撑的传力合理正确（图4—11）。 　　腰梁随基坑挖土达到设计标高时施工，它附贴于竖向围护构件的内侧。与压顶梁相似，腰梁主要承担水平方向的弯矩和剪力，因此在水平方向的刚度要大一些。

续上表

项　目	内　　容
压顶梁与腰梁设计	腰梁通常搁置在竖向围护构件的牛腿上,牛腿可以做成明的或暗的形式。在竖向围护构件设置牛腿的位置预埋铁件,此预埋铁件与竖向围护构件的钢筋笼固定在一起。预埋铁件要足以承担腰梁传来的竖向剪力和弯矩。这些剪力和弯矩主要是由腰梁、支撑等的自重和施工荷载所引起的。 　　腰梁与竖向围护构件之间的缝隙用细石混凝土填实(混凝土强度等级不低于 C20),以保证腰梁与竖向围护构件之间的传力。 　　当腰梁与竖向围护构件均为混凝土结构时,它们的连接关系也可以这样处理:将腰梁一侧嵌入竖向围护构件内 50 mm,另一侧用钢筋吊杆来保持腰梁的平衡。钢筋用 $\phi16\sim\phi22$ mm,间距 2 000 mm 左右,如图 4—12 所示
支撑立柱与支托的设计	(1)设置立柱不能影响主体施工,要力求避开主体框架梁、柱、剪力墙等位置。 　　(2)尽量利用工程桩。 　　(3)立柱要均匀布置,且数量尽量少。 　　(4)立柱穿板处要考虑防渗。 　　(5)保证立柱的强度和稳定。 　　(6)当有其他办法时尽量不设立柱或在施工底板时能去掉立柱,如采用吊挂或空间桁架、拱等形式来代替立柱。 　　立柱多用挖(钻)孔灌注桩等接以各类型钢及型钢组合的格构柱。钢柱埋入混凝土内的长度不小于钢柱边长的 2 倍,且不小于灌注桩的一倍直径,一般取 1/3 的柱高。立柱底部的桩身应穿过淤泥或淤泥质土等软弱土层,并应对单桩承载力进行验算,保证立柱能承担支撑传来的竖向荷载。 　　立柱布置宜紧靠支撑交汇点,当水平支撑为现浇钢筋混凝土结构时,立柱宜布置于支撑交叉点的中心。 　　型钢立柱与灌注桩的钢筋笼,施工时可焊接起来下放到桩孔内,然后灌注混凝土至地下室底板底,在底板底面以上桩孔不灌注混凝土而用砂子填实,当型钢立柱自身刚度较大时也可不填。钢立柱或格构柱中间净空尺寸要考虑灌注混凝土时串筒(或导管)能通过。如柱的刚度不足,则在挖土后应再焊上对角连接条,以加强立柱的稳定性。 　　立柱受压计算长度取竖向相邻二层水平支撑的中心距。最下一层支撑以下的立柱计算长度宜取该层支撑中心线至开挖面以下 5 倍立柱直径(或边长)处之间的距离,立柱的长细比不宜大于 25。 　　当立柱按偏心受压杆件验算时,立柱截面的弯矩由以下几项合成:竖向荷载对立柱截面形心的偏心弯矩、水平支撑对立柱验算截面所产生的弯矩、土方开挖时作用于立柱的单向土压力对验算截面的弯矩。开挖面以下立柱的竖向和水平承载力可按计算单桩承载力的方法计算。 　　当立柱按中心受压构件设计时,立柱轴向力可按下式计算: $$N_z = N_{z1} + \sum_{i=1}^{n} 0.1 N_i \qquad (4-2)$$ 式中　　N_{z1}——水平支撑及立柱自重产生的轴力; 　　　　N_i——第 i 层支撑交汇于本立柱的最大支撑轴力; 　　　　n——支撑层数

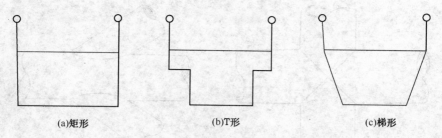

(a)矩形　　　　　　　　(b)T形　　　　　　　　(c)梯形

图 4—2　钢筋混凝土支撑梁断面

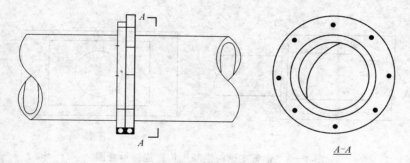

图 4—3　钢管法兰盘连接图

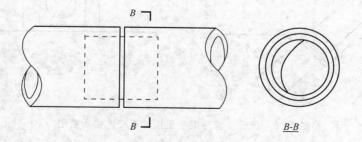

图 4—4　钢管内套管连接图

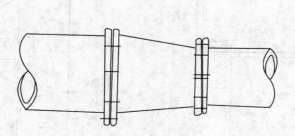

图 4—5　大小钢管连接示意图

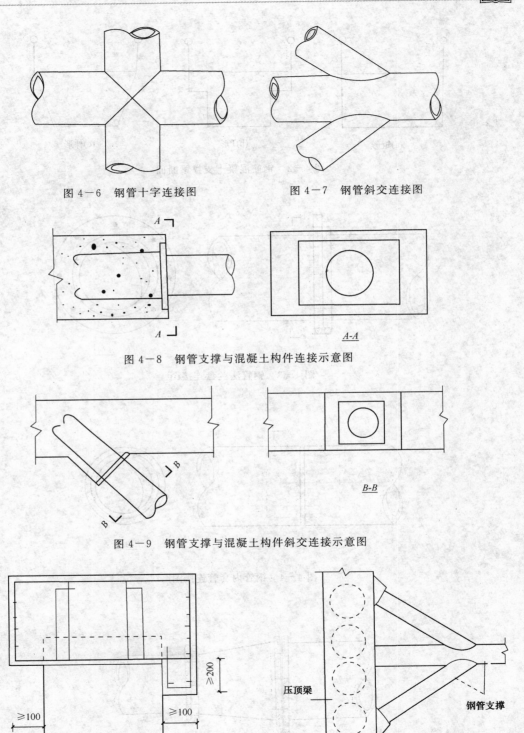

图 4—6　钢管十字连接图　　　　　　　图 4—7　钢管斜交连接图

图 4—8　钢管支撑与混凝土构件连接示意图

A-A

图 4—9　钢管支撑与混凝土构件斜交连接示意图

B-B

压顶梁

钢管支撑

图 4—10　压顶梁示意图(单位:mm)　　　　图 4—11　压顶梁与支撑连接节点示意图

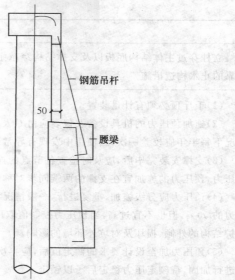

图 4—12 腰梁挂靠示意图(单位:mm)

(2)钢或混凝土支撑系统工程施工工艺见表 4—16。

表 4—16 钢或混凝土支撑系统工程施工工艺

项目	内　容
支撑安装	(1)支撑中心及顶面标高偏差为±30 mm。 (2)支撑两端的标高差不大于 20 mm 及支撑长度的 1/600。 (3)支撑挠曲度不大于支撑长度的 1/1 000。 (4)立柱垂直度不大于基坑开挖深度的 1/300。 (5)支撑与立柱的轴线偏差不大于 50 mm。 (6)支撑水平轴线偏差不大于 30 mm。 (7)钢筋混凝土截面尺寸偏差为+8 mm 和—5 mm("+"为截面尺寸放大,"—"号则为缩小)
支撑施工与挖土的关系	(1)支撑安装应采用开槽架设的方法,对于现浇钢筋混凝土支撑,必须在混凝土强度达到设计强度的 80% 以上,才能开挖支撑以下的土方。 (2)确保先撑后挖,当土方分层分区开挖时,支撑可随开挖进度分区安装,且一个区段内的支撑应形成整体。 (3)当支撑顶面需运行挖土机械时,支撑顶面的安装标高宜低于坑内土面 20~30 cm,对于钢支撑与基坑土之间的空隙应用粗砂回填,并在挖土机及土方车辆的通道处架设走道板
换撑	(1)主体结构的楼板或底板混凝土强度达到设计强度的 80% 以上时,方可换撑。 (2)在主体结构与围护墙之间应设置可靠的传力结构。 (3)当主体结构楼盖局部缺少时,应在适当部位设置临时支撑系统,支撑截面应按换撑传力要求计算确定。 (4)当主体结构的底板和楼板分块施工或设置后浇带时,应在分块或后浇带的适当部位设置可靠的传力构件

续上表

项　目	内　　容
止水构造措施	立柱穿过主体结构底板以及支撑结构穿越主体结构地下室外墙的部位,必须采用可靠的止水构造措施
预加轴力	(1)千斤顶必须有计量装置。 　　(2)施加预压力的机具设备及仪表应由专人使用和管理,并定期维护校验,在正常情况下每半年应校验一次,当使用中发现有异常现象时应重新校验。 　　(3)支撑安装完毕后,应及时检查各节点的连接情况,经确认符合要求后方可施加预压力,预压力的施加宜在支撑的两端同步对称进行。 　　(4)预压力应分级施加,重复进行,一般情况下,预压力的控制值不宜小于支撑设计轴力的50%,但也不宜过高,当预压力控制值取用支撑设计轴力的80%以上时,应防止围护结构的外倾、损坏及对坑外环境的影响。 　　(5)预压力加至设计要求的额定值后,应再次检查各连接点的情况,必要时应对节点进行加固,待额定压力稳定后予以锁定。 　　(6)支撑端部的八字撑可在主支撑施加压力后安装

(3)钢或混凝土支撑系统工程的要求见表4—17。

表4—17　钢或混凝土支撑系统工程的要求

项　目	内　　容
控制支撑系统	支撑系统包括围图及支撑,当支撑较长(一般超过15 m)时,还包括支撑下的立柱及相应的立柱桩。 　　工程中常用的支撑系统有混凝土围图、钢围檩、混凝土支撑、钢支撑、格构式立柱、钢管立柱、型钢立柱等,立柱往往埋入灌注桩内,也有直接打入一根钢管桩或型钢桩,使桩柱合为一体。 　　内支撑结构的常用形式有单层或多层平面支撑体系和竖向斜撑体系。一般情况下应优先采用平面支撑体系,对于符合下列条件的基坑也可以采用竖向斜撑体系。 　　(1)基坑开挖深度:一般不大于8 m,在地下水位较高的软土地区不大于7 m。 　　(2)场地的工程地质条件能满足基坑内预留土堤的斜撑安装和受力前的边坡稳定。 　　(3)斜撑基础具有足够的水平方向和垂直方向的承载能力。 　　(4)基坑平面尺寸较大,形状比较复杂
平面支撑 体系布置	(1)一般情况下,平面支撑体系应由腰梁、水平支撑和立柱3部分构件组成。 　　(2)根据工程具体情况,水平支撑可以用对撑、对撑桁架、斜角撑、斜撑桁架以及边桁架和八字撑等形式组成的平面结构体系。 　　(3)支撑轴线的平面位置应避开主体工程地下结构的柱网轴线。 　　(4)相邻支撑之间的水平距离不宜小于4 m,当采用机械挖土时,不宜小于8 m。 　　(5)沿腰梁长度方向水平支撑点的间距:对于钢腰梁不宜大于4 m,对于混凝土腰梁不宜大于9 m。 　　(6)对于地下连续墙,如在每幅柄槽段的墙体上设有2个以上的对称支撑点时,可用设置在墙体内的暗梁代替腰梁

续上表

项目	内　　容
平面支撑体系竖向布置	（1）在竖向平面内，水平支撑的层数应根据基坑开挖深度、工程地质条件、支护结构类型及工程经验，由围护结构的计算确定。 （2）上、下层水平支撑轴线应布置在同一竖向平面内。竖向相邻水平支撑的净距不宜小于 3 m，当采用机械下坑开挖及运输时，不宜小于 4 m。 （3）设定的各层水平支撑标高，不得妨碍主体工程地下结构底板和楼板构件的施工。 （4）一般情况下应利用围护墙顶的水平圈梁兼作第一道水平支撑的腰梁。当第一道水平支撑标高低于墙顶圈梁时，可另设腰梁，但不宜低于自然地面以下 3 m。 （5）当为多层支撑时，最下一层支撑的标高在不影响主体结构底板施工的条件下，应尽可能降低。 （6）立柱应布置在纵横向支撑的交点处或桁架式支撑的节点位置上，并应避开主体工程梁、柱及承重墙的位置。立柱的间距一般不宜超过 15 m。 （7）立柱下端应支承在较好的土层上，开挖面以下的埋入长度应满足支撑结构对立柱承载力和变形的要求
竖向斜撑体系的布置	（1）竖向斜撑体系通常应由斜撑、腰梁和斜撑基础等构件组成。当斜撑长度大于 15 m 时，要在斜撑中部设置立柱。 （2）斜撑宜采用型钢或组合型钢截面。 （3）竖向斜撑宜均匀对称布置，水平间距不宜大于 6 m。 （4）斜撑与基坑底面之间的夹角一般情况下不宜大于 35°，在地下水位较高的软土地区不宜大于 26°，并与基坑内土堤的稳定边坡相一致。斜撑基础与围护墙之间的水平距离不宜小于围护墙在开挖面以下插入深度的 1.5 倍
支撑构件的长细比	支撑构件的长细比应不大于 75，连系构件的长细比应不大于 120，立柱的长细比应不大于 25°各类支撑构件的构造除应符合有关规定外，尚应符合国家现行《钢结构设计规范》(GB 50017—2003)或《混凝土结构设计规范》(GB 50010—2010)的有关规定
钢结构支撑	（1）钢结构支撑构件长度的拼接宜采用高强螺栓连接或焊接，拼接点的强度不应低于构件的截面强度。对于格构式组合构件，不应采用钢筋作为缀条连接。 （2）钢腰梁的构造应符合下列规定： 1）钢腰梁的截面宽度应大于 300 mm，可以采用 H 钢、工字钢或槽钢以及它们的组合截面； 2）钢腰梁的现场拼装点位置应尽量设置在支撑点附近，并不应超过腰梁计算跨度的三分点。腰梁的分段预制长度不应小于支撑间距的 2 倍； 3）钢腰梁与混凝土围护墙之间应留设宽度不小于 60 mm 的水平向通长空隙。其间用强度等级不低于 C20 的细石混凝土填嵌； 4）支撑与腰梁斜交时，在腰梁与围护墙之间应设置经过验算的剪力传递构造； 5）在基坑平面转角处，当纵横向腰梁不在同一平面上相交时，其节点构造应满足两个方向腰梁端部的相互支承的要求；

续上表

项 目	内 容
钢结构支撑	6）钢支撑与腰梁的冀缘和腹板连接应加焊加劲板，加劲板的厚度不小于 10 mm，焊缝高度不小于 6 mm。 （3）钢支撑的构造应符合下列规定： 1）钢支撑的截面形式可以采用 H 钢、钢管、工字钢或槽钢，以及其结合截面。 2）水平支撑的现场安装节点应尽量设置在纵横向支撑的交汇点附近。相邻横向（或横向）支撑的安装节点数不宜多于两个。 3）纵向和横向支撑的交汇点宜在同一标高上连接。当纵横向支撑采用重叠连接时，其连接构造及连接件的强度应满足支撑在平面内的稳定要求
现浇混凝土支撑和腰梁	（1）混凝土支撑体系在同一平面内整浇。基坑平面转角处的纵横向腰梁按刚节点处理。 （2）支撑的截面高度（竖向尺寸）不应小于其竖向平面计算跨度的 1/20；腰梁的截面高度（水平向尺寸）不应小于其水平方向计算跨度的数值；腰梁的截面宽度不应小于支撑的截面高度。 （3）支撑和腰梁内的纵向钢筋直径不宜小于 16 mm，沿截面四周纵向钢筋的最大间距应小于 200 mm。箍筋直径不应小于 8 mm，间距不大于 250 mm。支撑的纵向钢筋在腰梁内的锚固长度不宜小于 30 倍的钢筋直径。 （4）混凝土腰梁与围护墙之间不留水平间隙。 （5）对于地下连续墙，当墙体与腰梁之间需要传递剪力时，可在墙体上沿腰梁长度方向预留按计算确定的剪力槽或受剪钢筋。 （6）混凝土结构支撑构件的混凝土强度等级不应低于 C20
立柱的构造	（1）基坑开挖面以上的立柱宜采用格构式钢柱，也可采用钢管或 H 型钢柱。 （2）基坑开挖面以下的立柱宜采用直径不小于 600 mm 的灌注桩（可以利用工程桩）或与开挖面以上立柱截面相同的钢管或 H 型钢桩。当为灌注桩时，其上部钢柱在桩内的埋入长度应不小于钢柱边长的 4 倍，并与桩内钢筋焊接。 （3）立柱在基坑开挖面以下的埋入长度除应符合对立柱承载力和变形要求外，在软土地区宜大于基坑开挖深度的 2 倍，并穿过淤泥或泥质土层。 （4）立柱与水平支撑连接可采取铰接构造，但铰接件在竖向和水平方向的连接强度应大于支撑轴向力的 1/50。当采用钢牛腿连接时，钢牛腿的强度和稳定应由计算确定

（4）钢或混凝土支撑系统工程应注意的问题及主要技术文件见表 4—18。

表 4—18 钢或混凝土支撑系统工程应注意的问题及主要技术文件

项 目	内 容
应注意的问题	（1）施工前应熟悉支撑系统的图纸及各种计算工况，掌握开挖及支撑设置的方式、预顶力及周围环境保护的要求。预顶力应由设计规定，所用的支撑应能施加预顶力。

项 目	内 容
应注意的问题	(2)施工过程中应严格控制开挖和支撑的程序及时间,对支撑的位置(包括立柱及立柱桩的位置)、每层开挖深度、预加顶力(如需要时)、钢围檩与围护体或支撑与围檩的密贴度应做周密检查。支撑结构的安装应符合以下规定: 1)在基坑竖向平面内严格遵守分层开挖,先支撑后开挖的原则。 2)支撑安装应与土方开挖密切配合,在土方挖到设计标高的区段内,及时安装并发挥支撑作用。 3)支撑安装应采用开槽架设,在支撑顶面需运行施工机械时,支撑顶面安装标高应低于坑内土面 20~30 cm。钢支撑与基坑土之间的空隙应用粗砂土填实,并在挖土机或土方车辆的通道处铺设道板。 4)钢结构支撑宜采用工具式接头,并配具有计量千斤顶装置。千斤顶及计量仪表应由专人使用管理,并定期校验,正常情况下每半年校验一次,使用中有异常现象应随时校验或更换。 5)立柱穿过主体结构底板以及支撑结构穿越主体结构地下室外墙的部位,应采用止水构造措施。 6)钢支撑的端头处冠梁或腰梁的连接应符合以下规定: ①支撑端头应设置厚度不小于 10 mm 的钢板作封头端板,端板与支撑杆件满焊,焊缝厚度及长度能承受全部支撑力或与支撑等强度,必要时,增设加劲肋板;肋板数量、尺寸应满足支撑端头局部稳定要求和传递支撑力的要求。 ②支撑端面与支撑轴线不垂直时,可在冠梁或腰梁上设置预埋铁件或采取其他构造措施以承受支撑与冠梁或腰梁间的剪力。 7)钢结构支撑安装后应施加预压力。预压力控制值应由设计确定,通常不应小于支撑设计轴向力的 50%,也不宜大于 75%;钢支撑预加压力的施工应符合下列要求: ①支撑安装完毕后,应及时检查各节点的连接状况,经确认符合要求后方可施加预压力,需压力的施加在支撑的两端同步对称进行。 ②预压力应分级施加,重复进行,加至设计值时,应再次检查各连接点的情况,必要时应对节点进行加固,待额定压力稳定后锁定。 8)现浇混凝土支撑必须在混凝土强度达到设计强度 80% 以上,才能开挖支撑以下的土方。 (3)利用主体结构换撑时,应符合以下规定: 1)主体结构的楼板或底板混凝土强度应达到设计强度的 80%; 2)在主体结构与围护墙之间设置好可靠的换撑传力的构造; 3)在主体结构楼盖局部缺少部位,应在主体结构内的适当部位设置临时的支撑系统。支撑截面积应按计算确定; 4)当主体结构的底板和楼板分块施工或设置后浇带时,应在分块或后浇带的适当部位设置传力构件。 (4)支撑安装结束,即已投入使用,应对整个使用期做观测,尤其一些过大的变形应尽可能防止。

续上表

项目	内　容
应注意的问题	(5)作为永久性结构的支撑系统尚应符合现行国家标准《混凝土结构工程施工质量验收规范》(2011 版)(GB 50204—2002)的要求。 　　有些工程采用逆作法施工,地下室的楼板、梁结构做支撑系统用,此时应按现行国家标准《混凝土结构工程施工质量验收规范》(2011 版)(GB 50204—2002)的要求验收。 (6)当对钢筋混凝土支撑结构或对钢支撑焊缝施工质量有怀疑时,宜采用超声探伤等非破损方法检测,检测数量根据现场情况确定
主要技术文件	(1)工程地质勘察报告、施工图、图纸会审纪要、设计变更单及材料代用通知单等。 (2)经审定的施工组织设计、施工方案及执行中的变更情况。 (3)地基承载力检测报告。 (4)原材料进场检验及复试报告、施工试验报告等资料。 (5)施工记录、隐蔽工程记录

第五节　地下连续墙

一、验收条文

地下墙质量验收标准应符合表 4—19 的规定。

表 4—19　地下墙质量验收标准

项目	序号	检查项目		允许偏差或允许值		检查方法
				单位	数值	
主控项目	1	墙体强度		设计要求		查试件记录或取芯试压
	2	垂直度	永久结构	—	1/300	测声波测槽仪或成槽机上的监测系统
			临时结构	—	1/150	
一般项目	1	导墙尺寸	宽度	mm	$W+40$	用钢尺量,W 为地下墙设计厚度
			墙面平整度	mm	<5	用钢尺量
			导墙平面位置	mm	± 10	用钢尺量
	2	沉渣厚度	永久结构	mm	$\leqslant 100$	重锤测或沉积物测定仪测
			临时结构	mm	$\leqslant 200$	

续上表

项目	序号	检查项目		允许偏差或允许值		检查方法
				单位	数值	
一般项目	3	槽深		mm	+100	重锤测
	4	混凝土坍落度		mm	180~220	坍落度测定器
	5	钢筋笼尺寸		见表2-23		见表2-23
	6	地下墙表面平整度	永久结构	mm	<100	此为均匀黏土层,松散及易坍土层由设计决定
			临时结构	mm	<150	
			插入式结构	mm	<20	
	7	永久结构的预埋件位置	水平向	mm	≤10	用钢尺量
			垂直向	mm	≤20	水准仪

二、施工工艺解析

(1)地下连续墙施工工艺见表4-20。

表4-20 地下连续墙施工工艺

项目	内容
导墙设置	(1)在槽段开挖前,沿连续墙纵向轴线位置构筑导墙,导墙可采用现浇或预制工具式钢筋混凝土导墙,也可采用钢质导墙。 (2)导墙深度一般为1~2 m,其顶面略高于地面100~200 mm,以防止地表水流入导沟。导墙的厚度一般为100~200 mm,内墙面应垂直,内壁净距应为连续墙设计厚度加施工余量(一般为40~60 mm)。墙面与纵轴线距离的允许偏差为±10 mm,内外导墙间距允许偏差为+5 mm,导墙顶面应保持水平。 (3)导墙宜筑于密实的地层上,背侧应用黏性土回填并分层夯实,不得漏浆。每个槽段内的导墙应设一个溢浆孔。 (4)导墙顶面应高出地下水位1 m以上,以保证槽内泥浆液面高于地下水位0.5 m以上,且不低于导墙顶面0.3 m。 (5)导墙混凝土强度应达70%以上方可拆模。拆模后,应立即在两片导墙间加支撑,其水平间距为2.0~2.5 m,在导墙混凝土养护期间,严禁重型机械通过、停置或作业,以防导墙开裂或变形。 (6)采用预制导墙时,必须保证接头的连接质量
槽段开挖	(1)挖槽施工前,一般将地下连续墙划分为若干个单元槽段。每个单元槽段有若干个挖掘单元。在导墙顶面划好槽段的控制标记,如有封闭槽段时,必须采用两段式成槽,以免导致最后一个槽段无法钻进。一般普通钢筋混凝土地下连续墙工程挖掘单元长为6~8 m,素混凝土止水帷幕工程挖掘单元长为3~4 m。

项目	内　容
槽段开挖	（2）成槽前对成槽设备进行一次全面检查，各部件必须连接可靠，特别是钻头连接螺栓不得有松脱现象。 （3）为保证机械运行和工作平稳，轨道铺设应牢固可靠，道砟应铺填密实。轨道宽度允许误差为±5 mm，轨道标高允许误差±10 mm。连续墙钻机就位后应使机架平稳，并使悬挂中心点和槽段中心一线。钻机调好后，应用夹轨器固定牢靠。 （4）挖槽过程中，应保持槽内始终充满泥浆，以保持槽壁稳定。成槽时，依排渣和泥浆循环方式分为正循环和反循环。当采用砂泵排渣时，依砂泵是否潜入泥浆中，又分为泵举式和泵吸式。一般采用泵举式反循环方式排渣，操作简便，排泥效率高。但开始钻进须先用正循环方式，待潜水泵电机潜入泥浆中后，再改用反循环排泥。 （5）当遇到坚硬地层或遇到局部岩层无法钻进时，可辅以采用冲击钻将其破碎，用空气吸泥机或砂泵将土渣吸出地面。 （6）成槽时要随时掌握槽孔的垂直精度，应利用钻机的测斜装置经常观测偏斜情况，不断调整钻机操作，并利用纠偏装置来调整下钻偏斜。 （7）挖槽时应加强观测，如槽壁发生较严重的局部坍落时，应及时回填并妥善处理。槽段开挖结束后，应检查槽位、槽深、槽宽及槽壁垂直度等项目，合格后方可进行清槽换浆。在挖槽过程中应做好施工记录
泥浆的配置和使用	（1）泥浆的性能指标，应根据成槽方法和地质情况而定，一般可按表4—21采用。 （2）泥浆必须经过充分搅拌，常用方法有低速卧式搅拌机搅拌、螺旋桨式搅拌机搅拌、压缩空气搅拌和离心泵重复循环。泥浆搅拌后应在储浆池内静置24 h以上。 （3）在施工过程中应加强检查和控制泥浆的性能，定时对泥浆性能进行测试，随时调泥浆配合比，做好泥浆质量检测记录。一般作法是：在新浆拌制后静止24 h，测一次全项（含砂量除外）；在成槽过程中，一般每进尺1～5 m或每4 h测定一次泥浆密度和黏度。在成槽结束前测一次密度、黏度；浇灌混凝土前测一次密度。两次取样位置均应在槽底以上200 mm处。失水量和pH值应在每槽孔的中部和底部各测一次。含砂量可根据实际情况测定，稳定性和胶体率一般在循环泥浆中不测定。 （4）通过沟槽循环或混凝土换浆排出的泥浆，如重复使用，必须进行净化再生处理。一般采用重力沉降处理，它是利用泥浆和土渣的密度差，使土渣沉淀，沉淀后的泥浆进入贮浆池，贮浆池的容积一般为一个单元槽段挖掘量及泥浆槽总体积的2倍以上。沉淀池和贮浆池设在地上或地下均可，但要视现场条件和工艺要求合理配置。如采用原土渣浆循环时，应将高压水通过导管从钻头孔射出，不得将水直接注入槽孔中。 （5）在容易产生泥浆渗漏的土层施工时，应适当提高泥浆黏度和增加储备量，并备堵漏材料。如发生泥浆渗漏，应及时补浆和堵漏，使槽内泥浆保持正常
清槽	（1）当挖槽达到设计深度后，应停止钻进，仅使钻头空转，将槽底残留的土打成小颗粒，然后开启砂泵，利用反循环抽浆，持续吸渣10～15 min，将槽底钻渣清除干净。也可用空气吸泥机进行清槽。 （2）当采用正循环清槽时，将钻头提高槽底100～200 mm，空转并保持泥浆正常循环，以中速压入泥浆，把槽孔内的浮渣置换出来。

续上表

项目	内 容
清槽	（3）对采用原土造浆的槽孔，成槽后可使钻头空转不进尺，同时射水，待排出泥浆密度降到1.1左右，即认为清槽合格。但当清槽后至浇灌混凝土间隔时间较长时，为防止泥浆沉淀和保证槽壁稳定，应用符合要求的新泥浆将槽孔的泥浆全部置换出来。 （4）清理槽底和置换泥浆结束1 h后，槽底沉渣厚度不得大于200 mm；浇混凝土前槽底沉渣厚度不得大于300 mm，槽内泥浆密度为1.1～1.25、黏度为18～22 s、含砂量应小于8%
钢筋笼制作及安放	（1）钢筋笼的加工制作，要求主筋净保护层为70～80 mm。为防止在插入钢筋笼时擦伤槽面，并确保钢筋保护层厚度，宜在钢筋笼上设置定位钢筋环、混凝土垫块。纵向钢筋底端距槽底的距离应有100～200 mm，当采用接头管时，水平钢筋的端部至接头管或混凝土及接头面应留有100～150 mm间隙。纵向钢筋应布置在水平钢筋的内侧。为便于插入槽内，钢筋底端宜稍向内弯折。钢筋笼的内空尺寸，应比导管连接处的外径大100 mm以上。 （2）为了保证钢筋笼的几何尺寸和相对位置准确，钢筋笼宜在制作平台上成型。钢筋笼每棱边（横向及竖向）钢筋的交点处应全部点焊，其余交点处采用交错点焊。对成型时临时绑扎的铁丝，宜将线头弯向钢筋笼内侧。为保证钢筋笼在安装过程中具有足够的刚度，除结构受力要求外，尚应考虑增设斜拉补强钢筋，将纵向钢筋形成骨架并加适当附加钢筋。斜拉筋与附加钢筋必须与设计主筋焊牢固。钢筋笼的接头当采用搭接时，为使接头能够承受吊入时的下段钢筋自重，部分接头应焊牢固。 （3）钢筋笼制作允许偏差值为主筋间距±10 mm，箍筋间距±20 mm，钢筋笼厚度和宽度±10 mm，钢筋笼总长度±50 mm。 （4）钢筋笼吊放应使用起吊架，采用双索或四索起吊，以防起吊时紧固钢索的收紧力而引起钢筋笼变形。同时要注意在起吊时不得拖拉钢筋笼，以免造成弯曲变形。为避免钢筋吊起后在空中摆动，应在钢筋笼下端系上溜绳，用人力加以控制。 （5）钢筋笼需要分段吊入接长时，应注意不得使钢筋笼产生变形，下段钢筋笼入槽后，临时穿钢管搁置在导墙上，再焊接接长上段钢筋笼。钢筋笼吊入槽内时，吊点中心必须对准槽段中心，竖直缓慢放至设计标高，再用吊筋穿管搁置在导墙上。如果钢筋笼不能顺利地插入槽内，应重新吊出，查明原因，采取相应措施加以解决，不得强行插入。 （6）所有用于内部结构连接的预埋件、预埋钢筋等，应与钢筋笼焊牢固
水下浇筑混凝土	（1）混凝土配合比应符合下列要求：混凝土的实际配置强度等级应比设计强度等级高一级；水泥用量不宜少于370 kg/m³；水灰比不应大于0.6；坍落度宜为18～20 cm，并应有一定的流动度保持率；坍落度降低至15 cm的时间，一般不宜小于1 h；扩散度宜为34～38 cm；混凝土拌合物含砂率不小于45%；混凝土的初凝时间，应能满足混凝土浇灌和接头施工工艺要求，一般不宜低于3～4 h。 （2）接头管和钢筋就位后，应检查沉渣厚度并在4 h以内浇灌混凝土。浇灌混凝土必须使用导管，其内径一般选用250 mm，每节长度一般为2.0～2.5 m。导管要求连接牢靠，接头用橡胶圈密封，防止漏水。导管接头若用法兰连接，应设锥形法兰罩，以防拔管时挂住钢筋。导管在使用前要注意认真检查和清理，使用后要立即将黏附在导管上的混凝土清除干净。

项 目	内 容
水下浇筑混凝土	(3)在单元槽段较长时,应使用多根导管浇灌,导管内径与导管间距的关系一般是:导管内径为 150 mm、200 mm 和 250 mm 时,其间距分别为 2 m、3 m、4 m,且距槽段端部均不得超过 1.5 m。为防止泥浆卷入导管内,导管在混凝土内必须保持适宜的埋置深度,一般应控制在 2~4 m 为宜。在任何情况下,不得小于 1.5 m 或大于 6 m。 (4)导管下口与槽底的间距,以能放出隔水栓和混凝土为度,一般比栓长 100~200 mm。隔水栓应放在泥浆液面上。为防止粗集料卡住隔水栓,在浇筑混凝土前宜先灌入适量的水泥砂浆。隔水栓用铁丝吊住,待导管上口贮斗内混凝土的存量满足首次浇筑,导管底端能埋入混凝土中 0.8~1.2 m 时,才能剪断铁丝,继续浇筑。 (5)混凝土浇灌应连续进行,槽内混凝土面上升速度一般不宜小于 2 m/h,中途不得间歇。当混凝土不能畅通时,应将导管上下提动,慢提快放,但不宜超过 300 mm。导管不能作横向移动。提升导管应避免碰撞钢筋笼。 (6)随着混凝土的上升,要适时提升和拆卸导管,导管底端埋入混凝土以下一般保持持 2~4 m。不宜大于 6 m,并不小于 1 m,严禁把导管底端提出混凝土面。 (7)在一个槽段内同时使用两根导管灌注混凝土时,其间距不宜大于 3.0 m,导管距槽段端头不宜大于 1.5 m,混凝土应均匀上升,各导管处的混凝土表面的高差不宜大于 0.3 m,混凝土浇筑完毕,混凝土面应高于设计要求 0.3~0.5 m,此部分浮浆层以后凿去。 (8)在浇灌过程中应随时掌握混凝土浇灌量,应有专人每 30 min 测量一次导管埋深和管外混凝土标高。测定应取三个以上测点,用平均值确定混凝土上升状况,以决定导管的提拔长度
接头施工	(1)连续墙各单元槽段间的接头形式,一般常用的为半圆形接头。方法是在未开挖一侧的槽段端部先放置接头管,后放入钢筋笼,浇灌混凝土,根据混凝土的凝结硬化速度,徐徐将接头管拔出,最后在浇灌段的端面形成半圆形的接合面,在浇筑下段混凝土前,应用特制的钢丝刷子沿接头处上下往复移动数次,刷去接头处的残留泥浆,以利新的混凝土的结合。 (2)接头管一般用 10 mm 厚钢板卷成。槽孔较深时,做成分节拼装式组合管,各单节长度为 6 m、4 m 和 2 m 不等,便于根据槽深接成合适的长度。外径比槽孔宽度小 10~20 mm,直径误差在 3 mm 以内。接头管表面要求平整光滑,连接紧密可靠,一般采用承插式销接。各单节组装好后,要求上下垂直。 (3)接头管一般用起重机组装、吊放。吊放时要紧贴单元槽段的端部和对准槽段中心,保持接头管垂直并缓慢地插入槽内。下端放至槽底,上端固定在导墙或顶升架上。 (4)提拔接头管宜使用顶升架(或较大吨位起重机),顶升架上安装有大行程(1~2 m)、起重量较大(50~100 t)的液压千斤顶两台,配有专用高压油泵。 (5)提拔接头管必须掌握好混凝土的浇灌时间、浇灌高度,混凝土的凝固硬化速度,不失时机地提动和拔出,不能过早、过快和过迟、过缓。如过早、过快,则会造成混凝土壁塌落;过迟、过缓,则由于混凝土强度增长,摩阻力增大,造成提拔不动和埋管事故。一般宜在混凝土开始浇灌后 2~3 h 即开始提动接头管,然后使管子回落。以后每隔 15~

项目	内 容
接头施工	20 min 提动一次,每次提起 100～200 mm,使管子在自重下回落,说明混凝土尚处于塑性状态。如管子不回落,管内又没有涌浆等异常现象,宜每隔 20～30 min 拔出 0.5～1.0 m,如此重复操作。在混凝土浇灌结束后 5～8 h 内将接头管全部拔出

表 4－21 泥浆性能指标

钻孔方法	地层情况	泥浆性能指标							
		相对密度	黏度 (Pa·s)	含砂率 (%)	胶体率 (%)	失水率 (mL/30 min)	泥皮厚 (mL/30 min)	静切力 (Pa)	酸碱度 (pH)
正循环	一般地层	1.05～1.20	16～22	8～4	≥96	≤25	≤2	1.0～2.5	8～10
	易坍地层	1.20～1.45	19～28	8～4	≥96	≤15	≤2	3～5	8～10
反循环	一般地层	1.02～1.06	16～20	≤4	≥95	≤20	≤3	1～2.5	8～10
	易坍地层	1.06～1.10	18～28	≤4	≥95	≤20	≤3	1～2.5	8～10
	卵石土	1.10～1.15	20～35	≤4	≥95	≤20	≤3	1～2.5	8～10
推钻 冲抓	一般地层	1.10～1.20	18～24	≤4	≥95	≤20	≤3	1～2.5	8～11
冲击	易坍地层	1.20～1.40	22～30	≤4	≥95	≤20	≤3	3～5	8～11

(2)地下连续墙的相关内容见表 4－22。

表 4－22 地下连续墙的相关内容

项目	内 容
地下连续墙的构造	(1)墙体混凝土的强度等级不应低于 C20。 (2)受力钢筋应采用 HRB335 级钢筋,直径不小于 20 mm。构造钢筋可采用 HPB235 级或 HRB335 钢筋,直径不宜小于 14 mm。竖向钢筋的净距不宜小于 75 mm。构造钢筋的间距不应大于 300 mm。单元槽段的机械连接,应在结构内力较小处布置接头位置,接头应相互错开。 (3)钢筋的保护层厚度,对临时性支护结构不宜小于 50 mm,对永久性支护结构不宜小于 70 mm。 (4)竖向受力钢筋应有一半以上通长配置。 (5)当地下连续墙与主体结构连接时,预埋在墙内的受力钢筋、连续螺栓或连接钢板,均应满足受力计算要求。锚固长度满足现行《混凝土结构设计规范》(GB 50010—2010)要求。预埋钢筋应采用 HPB235 级钢筋,直径不宜大于 20 mm。 (6)地下连续墙顶部应设置钢筋混凝土圈梁,梁宽不宜小于墙厚尺寸;梁高不宜小于 500 mm;总配筋率不应小于 0.4%。墙的竖向主筋应锚入梁内。 (7)地下连续墙墙体混凝土的抗渗等级不得小于 0.6 MPa。二层以上地下室不宜小于 0.8 MPa。当墙段之间的接缝不设止水带时,应选用锁口圆弧形、槽形或 V 形等可靠的防渗止水接头,接头面应严格清刷,不得存有夹泥或沉渣

项　目	内　　容
地下连续墙与地下室结构的钢筋连接	地下连续墙与地下室结构的钢筋连接可采用在地下连续墙内预埋钢筋、接驳器和钢板等，预埋钢筋宜采用 HPB235 级钢筋，连接钢筋直径大于 20 mm 时，宜采用接驳器连接。对接驳器也应按原材料检验要求，抽样复验。数量每 500 套为一个检验批，每批应抽查 3 件，复验内容为外观、尺寸和抗拉试验等
地下连续墙导墙形式	地下连续墙均应设置导墙，导墙形式有预制及现浇两种，现浇导墙形状有 L 形或倒 L 形，可根据不同土质选用。导墙施工是确保地下墙的轴线位置及成槽质量的关键工序。土层性质较好时，可选用倒 L 形，甚至预制钢导墙；采用 L 形导墙，应加强导墙背后的回填夯实工作
地下连续墙槽段之间接头形式	(1)当防水要求较高时，应采用防水接头。 　　(2)当接头间要求传递面内剪力时，可采用带孔的十字钢板抗剪接头。 　　(3)当接头间要求传递面外剪力或弯矩时，可采用带端板的钢筋搭接头，将地下连续墙连成整体。无论选用何种接头，在浇筑混凝土前，接头处必须刷洗干净，不留任何泥砂或污物。目前地下墙的接头形式多种多样，从结构性能来分有刚性、柔性和刚柔结合型，从材质来分有钢接头、预制混凝土接头等，但无论选用何种形式，从抗渗要求着眼，接头部位常是薄弱环节，严格这部分的质量要求实有必要
地下连续墙施工对周围环境的保护	(1)成槽及基坑开挖过程中对邻近建筑物、构筑物和地下管线的影响。 　　(2)施工过程中噪声、振动以及废弃泥浆等对居民和市容的影响

　　(3)地下连续墙施工应注意的问题及主要技术文件见表 4—23。

表 4—23　地下连续墙施工应注意的问题及主要技术文件

项　目	内　　容
应注意的问题	(1)施工前应检验进场的钢材、电焊条。已完工的导墙应检查其净空尺寸、墙面平整度与垂直度。检查泥浆用的仪器、泥浆循环系统应完好。地下连续墙应用商品混凝土。泥浆护壁在地下墙施工时是确保槽壁不坍的重要措施，必须有完整的仪器，经常地检验泥浆指标，随着泥浆的循环使用，泥浆指标将会劣化，只有通过检验，方可把好此关。地下连续墙需连续浇筑，以在初凝期内完成一个槽段为好，预拌混凝土可保证短期内的浇灌量。 　　(2)应检查混凝土上升速度与浇筑面标高。这是确保槽段混凝土顺利浇筑及浇筑质量的监测措施。锁口管(或称槽段浇筑混凝土时的临时封堵管)拔管过慢又会导致锁口管拔不出或拔断，使地下墙构成隐患。 　　(3)接头管(箱)和钢筋笼就位后，一般应在 5 h 以内用导管法浇筑混凝土，导管接缝必须严密。导管插入混凝土内的深度宜为 2～4 m。混凝土应连续浇筑且不小于每小时上升 3 m。混凝土的浇筑高度应保证凿除浮浆后墙顶标高符合设计要求。接头管(箱)

项目	内　　容
应注意的问题	应能承受混凝土的压力,能有效地阻止混凝土进入另一个槽段。槽段接缝处应在钢筋笼入槽前用工具进行清刷。浇筑混凝土时,应经常转动和提动接头管。拔管时,不得损坏接头处的混凝土。 (4)作为永久性结构的地下连续墙,土方开挖后应进行逐段检查,钢筋混凝土底板也应符合现行国家标准《混凝土结构工程施工质量验收规范》(2011 版)(GB 50204—2002)的规定
主要技术文件	(1)工程地质勘察报告、施工图、图纸会审纪要、设计变更单及材料代用通知单等。 (2)经审定的施工组织设计、施工方案及执行中的变更情况。 (3)地基检测报告、地基验槽记录。 (4)原材料进场检验及复试报告、施工试验报告等资料。 (5)施工记录、隐蔽工程检查记录

第六节　沉井与沉箱

一、验收条文

沉井(箱)的质量验收标准应符合表 4—24 的要求。

表 4—24　沉井(箱)的质量验收标准

项目	序号	检查项目		允许偏差或允许值		检查方法
				单位	数值	
主控项目	1	混凝土强度		满足设计要求(下沉前必须达到70％设计强度)		查试件记录或抽样送检
	2	封底前,沉井(箱)的下沉稳定		mm/8 h	＜10	水准仪
	3	封底结束后的位置	刃脚平均标高(与设计标高比)	mm	＜100	水准仪
			刃脚平面中心线位移	—	＜1％H	经纬仪,H 为下沉总深度,H＜10 m 时,控制在 100 mm 之内
			四角中任何两角的底面高差	—	＜1％l	水准仪,l 为两角的距离,但不超过 300 mm,l＜10 m 时,控制在 100 mm 之内

续上表

项目	序号	检查项目		允许偏差或允许值		检查方法
				单位	数值	
一般项目	1	钢材、对接钢筋、水泥、集料等原材料检查		符合设计要求		查出厂质保书或抽样送检
	2	结构体外观		无裂缝,无风窝、空洞,不露筋		直观
	3	平面尺寸	长与宽	%	±0.5	用钢尺量,最大控制在100 mm之内
			曲线部分半径	%	±0.5	用钢尺量,最大控制在50 mm之内
			两对角线差	%	1.0	用钢尺量
			预埋件	mm	20	用钢尺量
	4	下沉过程中的偏差	高差	%	1.5~2.0	水准仪,但最大不超过1 m
			平面轴线	—	<1.5%H	经纬仪,H为下沉深度,最大应控制在300 mm之内,此数值不包括高差引起的中线位移
	5	封底混凝土坍落度		cm	18~22	坍落度测定器

注:主控项目3的3项偏差可同时存在,下沉总深度,系指下沉前后刃脚之高差。

二、施工工艺解析

(1)沉井与沉箱施工准备见表4—25。

表4—25　沉井与沉箱施工准备

项目	内　容
地质勘测	在沉井施工地点进行钻孔,了解土的力学指标、地层构造、分层情况、摩阻力、地下水情况及地下障碍物情况等。同时还应查清和排除地面及地面以下3 m以内的障碍物,包括地下管道、电缆线、树根及低层构筑物等
制订施工方案	根据工程结构特点、水文地质情况、施工设备条件和技术的可能性,选用排水下沉还是不排水下沉,编制切实可行的施工方案。如果采用排水下沉,要考虑排水设备,再根据土质情况确定采用井点降水还是井内集水坑抽水

项目	内　容
测量控制和沉降观测	先按沉井平面设置测量控制网,然后进行抄平放线,并布置水准基点和沉降观测点。对在既有建筑物附近下沉的沉井,应在既有建筑物上设沉降观测点,进行定期的沉降观测
平整场地和修建临时设施	对施工场地进行平整处理,达到设计标高,按施工图进行平面布置。施工现场设置临时仓库、钢筋车间、简易试验室和办公室,修筑临时排水沟、截水沟以及安装施工设备、水电线路并试水电

（2）沉井施工工艺见表 4—26。

表 4—26　沉井施工工艺

项目	内　容
制作第一节沉井	(1)支模和架设钢筋。 1)刃脚的支设,可根据沉井的重量、施工荷载和地基承载力情况,采用垫架法和半垫架法,也可用砖垫座和土底模。对较大较重的沉井,在较软弱地基上制作时,为防止造成地基下沉刃脚裂缝,常采用垫架法或半垫架法;对直径或边长在 8 m 以内的较轻沉井,当土质较好时可采用砖垫座;对重量较轻的小型沉井,当土质好时可用砂垫层、灰土垫层或在地基中挖槽作成土模。 2)井壁可采用钢模或木模板。采用木模板时,外模朝向混凝土一面应刨光,内外模均采取竖向分节支设,每节高 1.5～2.0 m,用 $\phi12\sim\phi16$ 对拉螺栓拉槽钢圈固定。为使井壁重量能均匀地传至土层,在刃脚下方设置枕木及木板,其间设置楔木,在浇制时楔紧,浇好后放松楔木,抽出枕木,以备井壁下沉。 3)沉井钢筋一般用双层钢筋,做成骨架,用起重机垂直吊装就位。为保证钢筋与模板间有足够的保护层,应用小的预制砂浆片以保证钢筋间的准确位置。 (2)浇灌混凝土。 1)一般采用防水混凝土,在 $h/b\leqslant10$ 时,用抗渗等级 0.6 MPa 混凝土;在 $10<h/b\leqslant15$ 时,用抗渗等级 0.8 MPa 混凝土;在 $h/b>15$ 时,用抗渗等级 1.2 MPa 混凝土。其中 h 为井壁深入到地下水以下的深度,b 为壁厚。 2)水灰比 W/C 一般为 0.6,不得超过 0.65。每立方米混凝土的水泥用量约为 300～350 kg,砂率采用 35%～45%,应按照水泥和砂、土材料试配,进行试块的强度和抗渗试验。 3)井壁混凝土坍落度一般为 3～5 cm,底板混凝土坍落度为 2～3 cm。井壁混凝土用插入式振动器捣实,底板混凝土用平板振动器振实。为减少用水量,可掺入如木质素磺酸盐、NNO 等减水剂
拆除垫木	拆除垫木需在沉井混凝土设计强度达到 70% 以上方可进行。为防止井壁发生倾斜,拆除几个定位垫木时须小心力求平稳,拆除垫木的一般顺序是:对矩形沉井,先拆内隔墙下的,再拆短边井壁下的,最后拆长边下的;长边下垫木应隔根拆除,然后以四角处的定位垫木为中心由远及近地称抽除,最后抽定位垫木

续上表

项目	内　　容
挖土下沉	沉井挖土下沉时应对称均衡地进行。根据沉井所遇到土层的土质条件及透水性能，下沉施工分为排水下沉和不排水下沉两种，如图 4—13 所示。 （1）排水下沉。 　当沉井所穿过的土层较稳定，不会因排水而产生大量流沙时，可采取排水下沉施，目前沉井内挖土的方法；当土质为砂土成软黏土时，可用水力机械施工，即用高压水（压力一般为 2.5~3.0 MPa）先将井孔里的泥土冲成稀泥浆，然以水力吸泥机将泥浆吸出，排在井外空地；当遇到砂、卵石层或硬黏土层时可采用抓土斗出土。 （2）不排水下沉。 　当土层不稳定，地下水涌水量很大时，为防止因井内排水而产生流砂等不利现象，需用不排水下沉。井内水下出土可使用机械抓斗或高压水枪破土，然后用空气吸泥机将泥水排出。 （3）泥浆套下沉法。 　泥浆套下沉法是在井壁与土层之间设一层触变泥浆靠泥浆的润滑作用大大减少土对井的阻力，使井又快又稳地下沉。使用泥浆套下沉沉井，由于大大减少了土层对壁的阻力，因而工程上可利用这一点减轻沉井的自重，如图 4—14 所示。 （4）接筑沉井。 　当第一节沉井下沉到预定深度时，可停止挖土下沉然后立即立模浇制，接长井及内隔墙，再沉再接。每次接筑的最大高度一般不宜超过 5 m，且应尽量对称，均匀地浇制，以防倾斜。 （5）沉井封底。 　当沉井下沉到设计标高后，停止挖土、准备封底。封底应优先考虑干封，因干封成本较低，施工快，并易于保证质量。封底一般采用素混凝土。为确保混凝土质量，在封底上要预留水井。集水井用于当封底混凝土未达到设计强度时连续抽水待封底达到强度要求后将其封死。由于条件所限不能进行排水干封时，可采用水下封底。水下封底应特别注意保持混凝土的浇筑质量，其厚度应按施工中最不利情况由素混凝土强度及沉井抗浮要求计算确定。施工程序如图 4—15 所示

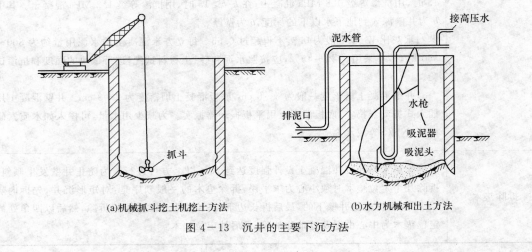

(a)机械抓斗挖土机挖土方法　　　　　　　　(b)水力机械和出土方法

图 4—13　沉井的主要下沉方法

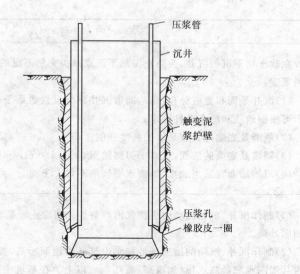

图 4—14 泥浆套下沉

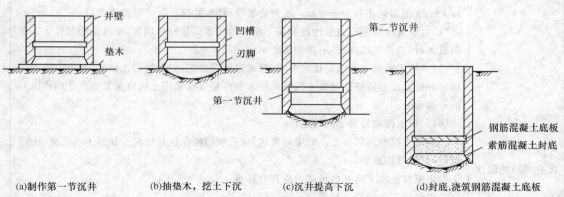

(a)制作第一节沉井 (b)抽垫木，挖土下沉 (c)沉井提高下沉 (d)封底，浇筑钢筋混凝土底板

图 4—15 沉井边挖土边下沉至设计标高

(3)沉井与沉箱施工要求见表 4—27。

表 4—27 沉井与沉箱施工要求

项 目	内 容
钻孔要求	(1)面积在 200 m² 以下(包括 200 m²)的沉井(箱)，应有一个钻孔(可布置在中心位置)。 (2)面积在 200 m² 以上的沉井(箱)，在四角(圆形为相互垂直的两直径端点)应各布置一个钻孔。 (3)特大沉井(箱)可根据具体情况增加钻孔。 (4)钻孔底标高应深于沉井的终沉标高。 (5)每座沉井(箱)应有一个钻孔提供土的各项物理力学指标、地下水位和地下水含量资料

项　目	内　　　容
底部结构	在软土层下沉的沉井,为防止突然下沉或减少突然下沉的幅度,其底部结构应符合下列规定: (1)沉井平面布置应分孔(格),圆形沉井亦应设置底梁予以分格,每孔(格)的净空面积可根据地质和施工条件确定; (2)隔墙及底梁应具有足够的强度和刚度; (3)隔墙及底梁的底面,宜高于刃脚踏面 0.5～1.0 m; (4)刃脚踏面宜适当加宽,斜面水平倾角不宜大于 60°
沉井(箱)的制作	(1)制作沉井、沉箱的场地应预先清理整平。清除土质松软或软硬不均匀的表面层或加固处理。 (2)制作沉井、沉箱的施工场地和水中筑岛的地面标高,要比从制作至开始下沉期间内其周围水域最高水位(加浪高)高 0.5 m 以上。在基坑中制作时,基坑底面应比从制作至开始下沉期间内的最高地下水位高 0.5 m 以上,并应防止积水。 (3)制作和下沉沉井、沉箱的水中筑岛四周应设有护道,其宽度,有围堰时不得小于1.5 m,无围堰时不得小于 2 m。岛侧边坡应稳定,并符合抗冲刷的要求。 (4)水中筑岛应采用透水性好和易于压实的砂或其他材料填筑,不得采用黏性土。冬期筑岛时,应清除冰冻层,不得用冻土填筑。 (5)采用无承垫木方法制作沉井时,应通过计算确定,如在均匀土层上,可采用铺筑一层与井壁宽度相适应的混凝土代替承垫木和砂垫层或采用土模以及其他方式制作沉井的刃脚部分。 (6)采用土模应符合下列规定: 1)填筑土模宜用黏性土。如用砂填筑,应采取措施保证其坡面。如地下水位低、土质较好时,可开挖成型; 2)土模及土模下地基的承载力应符合要求; 3)应保证沉井的设计尺寸; 4)有良好的防水、排水措施; 5)浇水养护混凝土时,应防止土模产生不均匀沉陷。 (7)当采用承垫木方法制作沉井、沉箱时,砂垫层铺筑厚度应根据扩散沉井、沉箱重量的要求由计算确定,并应便于抽出承垫木。沉井、沉箱刃脚下承垫木的数量尺寸及间距应由计算确定。垫木之间,应用砂填实。承垫木或砂垫层的采用,与沉井的结构情况、地质条件及制作高度等有关。无论采用何种形式,均应有沉井制作时的稳定计算及措施,并应征得设计的认同。 (8)分节下沉的沉井在接高前,应进行稳定性计算。如不符合要求,可根据计算结果采取井内留土、灌水和填砂(土)等措施,确保沉井稳定。沉井(箱)在接高时,一次性加了一节混凝土重量,对沉井(箱)的刃脚踏面增加了载荷。如果踏面下土的承载力不足以承担该部分荷载,会造成沉井(箱)在浇筑过程中,产生大的沉降,甚至突然下沉,荷载不均匀时还会产生大的倾斜。工程中往往在沉井(箱)接高之前,在井内回填部分黄砂,以增加接触面,减少沉井(箱)的沉降

项目		内 容
沉井施工要点	制作	(1)沉井接高的各节竖向中心线应与前一节的中心线重合或平行。沉井外壁应平滑,如用砖砌筑,应在外壁表面抹一层水泥砂浆。 (2)沉井分节制作的高度,应保证其稳定性并能使其顺利下沉。如采用分节制作一次下沉的方法时,制作总高度不宜超过沉井短边或直径的长度,亦不应超过 12 m;总高度超过时,必须有可靠的计算依据和采取确保稳定的措施。 (3)分节制作的沉井,在第一节混凝土达到设计强度的 70% 后,方可浇筑其上一节混凝土。 (4)沉井浇筑混凝土时,应对称和均匀地进行。如采用土模时必须按上述规定执行。 (5)沉井有抗渗要求时,在抽承垫木之前,应对封底及底板接缝部位凿毛处理。井体上的各类穿墙管件及固定模板的对穿螺栓等应采取抗渗措施。 (6)冬期制作沉井时,第一节混凝土或砌筑砂浆未达到设计强度、其余各节未达到设计强度的 70% 前,不应受冻
	浮运	浮运前,必须对沉井的浮运、就位和落床时的稳定性进行计算,并应根据现场条件采用滑道、起吊或自浮等方式,在混凝土达到设计规定的强度后(入)水。 浮运沉井所经水域应探明确无水下障碍(礁石、沉船等),并有足够的水深,同时应根据具体情况考虑水流速度的影响,在确保安全的条件下方可浮运。 沉井浮运前,应与航运、气象和水文等部门联系,确定浮运和沉放时间。 沉放时,为避免船只和排筏等冲撞,应在沉放地点的上游和周围设立明显标志或用驳船及其他漂浮设备防护,并应组织船只值班。 沉放处应有能满足承载和稳定要求的水下基床。当基床坡度大于 3% 时,应预先整平,其范围应较沉井外壁尺寸放宽 2 m。 浮运的沉井和防水围壁的实际重量与计算重量不符时,应在采取措施后浮运。防水围壁露出水面的高度,在浮运及沉放的任何时间内,均不得小于 1 m。 应保证浮运沉井临时底板的防水质量和易于拆除。浮运及定位过程中应备有 2 台以上的水泵,以便排水或灌水。 浮运的沉井应以多方向缆绳、锚链或导向架控制沉放位置。布置锚碇、锚缆时,应考虑河流的通航要求。沉井初步定位时,应偏向上游适当距离,以免水下基床或河床受到强烈冲刷。沉放至水下基床后,其平面位置偏差应符合设计要求,如设计无要求时,不得超过 250 mm。沉放至基(河)床后,应注意沉井上下游基(河)床冲刷情况,必要时应采取措施,保证沉井正确位置。 浮运的沉井沉放到水下基床后,其下沉和封底,应按陆上沉井的有关规定执行。接高时,应根据其结构、土质和水文等条件验算稳定性,在达到确保稳定的入土深度后,方可进行
	下沉	(1)编制沉井工程施工组织设计时,应进行分阶段下沉系数的计算,作为确定下沉施工方法和采取技术措施的依据。 (2)抽出承垫木,应在井壁混凝土达到设计强度以后,分区、依次、对称、同步地进行。每次抽去垫木后,刃脚下应立即用砂或砾砂填实。定位支点处的垫木,应最后同时抽出。

续上表

项目		内　　容
沉井施工要点	下沉	（3）沉井第一节的混凝土或砌筑砂浆，达到设计强度以后，其余各节达到设计强度的要求。 （4）挖土下沉时，应分层、均匀、对称地进行，使其能均匀竖直下沉，不得有过大的倾斜。 （5）一般情况，不应从刃脚踏面下挖土。如沉井的下沉系数较大时，应先挖锅底中间部分，沿沉井刃脚周围保留土堤，使沉井挤土下沉；如沉井的下沉系数较小时，应采取其他措施，使沉井不断下沉，中间不应有较长时间的停歇，亦不得将锅底开挖过深。 （6）由数个井孔组成的沉井，为使其下沉均匀，挖土时各井孔土面高差不应超过 1 m。 （7）在软土层中以排水法下沉沉井，当沉至距设计标高 2 m 时，对下沉与挖土情况应加强观测，如沉井尚不断自沉时，应向井内灌水，改用不排水法施工或采取其他使沉井稳定的措施。 （8）当决定沉井由不排水改为排水施工或抽除井内的灌水时，必须经过核算后慎重进行。 （9）对于下沉系数小的沉井，可根据情况分别采用泥浆润滑或其他减阻措施进行下沉。 （10）采用泥浆润滑套减阻下沉的沉井，应设置套井，顶面宜高出地面 300～500 mm，其外围应回填黏土并分层夯实。沉井外壁应设置台阶形泥浆槽，宽度宜为 100～200 mm，距刃脚踏面的高度宜大于 3 m。 （11）为确保正常供应泥浆，输送管应预埋在井壁内或安设在井内。 （12）沉井下沉时，槽内应充满泥浆，其液面应接近自然地面，并储备一定数量泥浆，以供下沉时及时补浆。 （13）采用泥浆润滑套的沉井，下沉至设计标高后，泥浆套应按设计要求处理。 （14）沉井下沉过程中，每班至少测量两次，如有倾斜、位移应及时纠正，并做好记录
	封底	（1）沉井下沉至设计标高，应进行沉降观测，在 8 h 内下沉量不大于 10 mm 时，方可封底。干封底时，应符合下列规定： 1）沉井基底土面应全部挖至设计标高。 2）井内积水应尽量排干。 3）混凝土凿毛处应洗刷干净。 4）浇筑时，应防止沉井不均匀下沉，在软土层中封底宜分格对称进行。 5）在封底和底板混凝土未达到设计强度以前，应从封底以下的集水井中不间断地抽水。停止抽水时，应考虑沉井的抗浮稳定性，并采取相应的措施。 6）沉井采用排水封底，应确保终沉时，井内不发生管涌、涌土及沉井止沉稳定。如不能保证时，应采用水下封底。 7）排水封底，操作人员下井施工，质量容易控制。但当井外水位较高，井内抽水后，大量地下水涌入井内，或者井内土体的抗剪强度不足以抵挡井外较高的土体质量，产生剪切破坏而使大量土体涌入，沉井（箱）不能稳定，则必须井内灌水，进行不排水封底。 （2）采用导管法进行水下混凝土封底，应符合下列规定： 1）基底为软土层时，应尽可能将井底浮泥清除干净，并铺碎石垫层。

续上表

项　目		内　　容
沉井施工要点	封底	2）基底为岩基时，岩面处沉积物及风化岩碎块等应尽量清除干净。 3）混凝土凿毛处应洗刷干净。 4）水下封底混凝土应在沉井全部底面积上连续浇筑。当井内有间隔墙、底梁或混凝土供应量受到限制时，应预先隔断分格浇筑。 5）导管应采用直径为200～300 mm的钢管制作，内壁表面应光滑并有足够的强度和刚度。管段的接头应密封良好和便于装拆。每根导管上端应装有数节1 m的短管；导管的数量由计算确定，布置时应使各导管的浇筑面积相互覆盖，导管的有效作用半径一般可取3～4 m。 6）水下混凝土面平均上升速度不应小于0.25 m/h，坡度不应大于1：5。 7）浇筑前，导管中应设置球、塞等隔水；浇筑时，导管插入混凝土的深度不宜小于1 m；水下混凝土达到设计强度后，方可从井内抽水，如提前抽水，必须采取确保质量和安全的措施。 （3）配制水下封底用的混凝土，配合比应根据试验确定，在选择施工配合比时，混凝土的试配强度应比设计强度提高10％～15％；水灰比不宜大于0.6；有良好的和易性，在规定的浇筑期间内，坍落度应为16～22 cm；在灌筑初期，为使导管下端形成混凝土堆，坍落度宜为14～16 cm；水泥用量一般为350～400 kg/m³；粗集料可选用卵石或碎石，粒径以5～40 mm为宜；细集料宜采用中、粗砂，砂率一般为45％～50％；可根据需要掺用外加剂
沉箱施工要点		（1）气闸、升降筒和贮气罐等承压设备应按有关规定检验合格后，方可使用。 （2）沉箱上部箱壁的模板和支撑系统，不得支撑在升降筒和气闸上。 （3）沉放到水下基床的沉箱，应校核中心线，其平面位置和压载经核算符合要求后，方可排出作业室内的水。 （4）沉箱施工应有备用电源。 （5）沉箱开始下沉至填筑作业室完毕，应用两根以上输气管不断地向沉箱作业室供给压缩空气，供气管路应装有逆止阀，以保证安全和正常施工。 （6）沉箱下沉时，作业室内应设置枕木垛或采取其他安全措施。在下沉过程中，作业室内土面距顶板的高度不得小于1.8 m。 （7）如沉箱自身小于下沉阻力，采取降压强制下沉时，必须符合下列规定： 强制下沉前，沉箱内所有人员均应出闸；强制下沉时，沉箱内压力的降低值，不得超过其原有工作压力的50％，每次强制下沉量，不得超过0.5 m。 （8）在沉箱内爆破时，炮孔位置、深度和药量应经过计算，不得破坏沉箱结构。在刃脚下爆破时，宜分段进行，并应先保留沉箱定位支点下的岩层作支垫。 （9）爆破后，应开放排气阀，同时增大进气量，迅速排出有害气体。经检验当有害气体含量符合有关规定后，方可由专门人员进入作业室检查爆破效果。如有瞎炮，须经处理后，方可继续施工。 （10）沉箱下沉到设计标高后，应按要求填筑作业室，并采取压浆方法填实顶板与填筑物之间的缝隙。 （11）沉箱下沉过程中，应做好记录

（4）沉井与沉箱施工应注意的问题及主要技术文件见表4－28。

表4－28　沉井与沉箱施工应注意的问题及主要技术文件

项目	内　　容
应注意的问题	（1）混凝土浇筑前，应对模板尺寸、预埋件位置及模板的密封性进行检验。拆模后应检查浇筑质量（外观及强度），符合要求后方可下沉。浮运沉井尚需做起浮可能性检查。下沉过程中应对下沉偏差做过程控制检查。下沉后的接高应对地基强度、沉井的稳定做检查。封底结束后，应对底板的结构（有无裂缝）及渗漏做检查。有关渗漏验收标准应符合相关章节的规定。 （2）下沉过程中的偏差情况，虽然不作为验收依据，但是偏差太大影响到终沉标高，尤其当刚开始下沉时，应严格控制偏差不要过大，否则终沉标高不易控制在要求范围内。下沉过程中的控制，一般可控制4个角，当发生过大的纠偏动作后，要注意检查中心线的偏移。封底结束后，常发生底板与井墙交接处的渗水，地下水丰富地区，混凝土底板未达到一定强度时，还会发生地下穿孔，造成渗水
主要技术文件	（1）工程地质勘察报告、施工图、图纸会审纪要、设计变更单及材料代用通知单等。 （2）经审定的施工组织设计、施工方案及执行中的变更情况。 （3）测量记录。 （4）原材料复试报告、施工试验报告主要有混凝土试块、钢筋接头试验等。 （5）施工记录、隐蔽工程检查记录。包括： 1）沉井、沉箱的制作场地和筑捣。 2）浮运的沉井、沉箱水下基床。 3）沉井、沉箱（每节）应在下沉或浮运前进行中间验收。 4）沉井、沉箱下沉完毕后的位置、偏差和基底的验收应在封底前进行。用不排水法施工的沉井基底，可用触探及潜水检查，必要时可用钻孔方法检查。沉井、沉箱下沉完毕应做好记录

第七节　降水与排水

一、验收条文

（1）降水类型及适用条件见表4－29。

表4－29　降水类型及适用条件

降水类型 ＼ 适用条件	渗透系数（cm/s）	可能降低的水位深度（m）
轻型井点	$10^{-2} \sim 10^{-5}$	3～6
多级轻型井点		6～12
喷射井点	$10^{-3} \sim 10^{-6}$	8～20
电渗井点	$<10^{-6}$	宜配合其他形式降水使用
深井井管	$\geqslant 10^{-5}$	>10

（2）降水与排水施工的质量验收标准应符合表4-30的规定。

表4-30 降水与排水施工的质量验收标准

序号	检查项目		允许偏差或允许值		检查方法
			单位	数值	
1	排水沟坡度		‰	1～2	目测：坑内不积水，沟内排水畅通
2	井管（点）垂直度		%	1	插管时目测
3	井管（点）间距（与设计相比）		%	≤150	用钢尺量
4	井管（点）插入深度（与设计相比）		mm	≤200	水准仪
5	过滤砂砾料填灌（与计算值相比）		mm	≤5	检查回填料用量
6	井点真空度	轻型井点	kPa	＞60	真空度表
		喷射井点	kPa	＞93	真空度表
7	电渗井点阴阳极距离	轻型井点	mm	80～100	用钢尺量
		喷射井点	mm	120～150	用钢尺量

二、施工工艺解析

（1）轻型井点降水施工工艺见表4-31。

表4-31 轻型井点降水施工工艺

项目	内　容
测设井位、铺设总管	（1）根据设计要求测设井位、铺设总管。为增加降深，集水总管平台应尽量放低，当低于地面时，应挖沟使集水总管平台标高符合要求，平台宽度为1.0～1.5 m。当地下水位降深小于6 m时，宜用单级真空井点；当井深6～12 m且场地条件允许时，宜用多级井点，井点平台的级差宜为4～5 m。 （2）开挖排水沟。 （3）根据实地测放的孔位排放集水总管，集水总管应远离基坑一侧。 （4）布置观测孔。观测孔应布置在基坑中部、边角部位和地下水的来水方向
钻机就位	（1）当采用长螺旋钻机成孔时，钻机应安装在测设的孔位上，使其钻杆轴线垂直对准钻孔中心位置，孔位误差不得大于150 mm。使用双侧吊线坠的方法校正调整钻杆垂直度，钻杆倾斜度不得大于1%。 （2）当采用水冲法成孔时，起重机安装在测设的孔位上，用高压胶管连接冲管与高压水泵，起吊冲管对准钻孔中心，冲管倾斜角度不得大于1%

续上表

项目	内　容
钻(冲)井孔	（1）对于不易产生塌孔缩孔的地层，可采用长螺旋钻机施工成孔，孔径为 300～400 mm，孔深比井深大 0.5 m。易塌土冲孔需加套管，其成孔工艺可参见"长螺旋成孔灌注桩施工工艺标准"相关的内容。 （2）对易产生塌孔缩孔的松软地层采用水冲法成孔时，使用起重设备将冲管起吊插入井点位置，开动高压水泵边冲边沉，同时将冲管上下左右摆动，以加剧土体松动。冲水压力根据土层的坚实程度确定：砂土层采用 0.5～1.25 MPa，黏性土采用 0.25～1.50 MPa。冲孔深度应低于井点管底 0.5 m。冲孔达到预定深度后应立即降低水压，迅速拔出冲管，下入井点管，投放滤料，以防止孔壁坍塌
沉设井点管	沉设井点管应缓慢，保持井点管位于井孔正中位置，禁止刷蹭井壁和插入井底，发现有上述现象发生，应提出井点管对过滤器进行检查，合格后重新沉设。井点管应高于地面 300 mm，管口应临时封闭以免杂物进入
投放滤料	（1）滤料应从井管四周均匀投放，保持井点管居中，并随时探测滤料深度，以免堵塞架空。滤料顶面距离地面应为 2 m 左右。 （2）向井点内投入的滤料数量，应大于计算值的 5%～15%，滤料填好后再用黏土封口
洗井	投放滤料后应及时洗井，以免泥浆与滤料产生胶结，增大洗井难度。洗井可用清水循环法和空压机法。应注意采取措施防止洗出的浑水回流入孔内。洗井后如果滤料下沉应补投滤料。 清水循环法：可用集水总管连接供水水源和井点管，将清水通过井点管循环洗井，浑水从管外返出，水清后停止，立即用黏性土将管外环状间隙进行封闭以免塌孔。 空压机法：采用直径 20～25 mm 的风管将压缩空气送入井点管底部过滤器位置，利用气体反循环的原理将滤料空隙中的泥浆洗出。宜采用洗、停间隔进行的方法洗井
黏性土封填孔口	洗井后应用黏性土将孔口填实封平，防止漏气和漏水
连接、固定集水总管	井点管施工完成后应使用高压软管与集水总管连接，接口必须密封。各集水总管之间宜设置阀门，以便对井点管进行维修。各集水总管宜稍向管道水流下游方向倾斜，然后将集水总管进行固定。为减少压力损失，集水总管的标高应尽量降低
安装抽水机组	抽水机组应稳固地设置在平整、坚实、无积水的地基上，水箱吸水口与集水总管处于同一高程。机组宜设置在集水总管中部，各接口必须密封
安装排水管	排水管径应根据排水量确定，并连接严密
抽水	轻型井点管网安装完毕后，进行试抽。当抽水设备运转一切正常后，整个抽水管路无漏气现象，可以投入正式抽水作业。开机一周后，将形成地下降水漏斗，并趋向稳定，土方工程一般可在降水 10 d 后开挖
井点拆除	地下建、构筑物竣工并进行回填土后，方可拆除井点系统，井点管拆除一般多借助于捯链、起重机等，所留孔洞用图或砂填塞，对地基有防渗要求时，地面以下 2 m 应用黏土填实

（2）大口井降水施工工艺见表4—32。

表4—32　大口井降水施工工艺

项目	内　　　　容
放线定井位	采用经纬仪及钢尺等进行定位放线
挖泥浆池、泥浆沟	泥浆池的位置可根据现场实际情况进行确定,但必须保证其离基坑开挖上口线的安全距离,确保其对后期基坑边坡的开挖及支护不会带来不良影响
钻机就位	采用反循环钻机进行施工,钻机中心位置尽量与所放的井位中心线相吻合,偏差不得超过50 mm;先对钻机进行垂直度校验,确保钻杆的垂直度符合要求,垂直偏差不得超过5%。多台钻机同时施工时,钻机之间要有安全距离,进行跳打
成孔	各项准备就绪且均满足规定的要求后,即可进行井孔钻进施工,为保证洗完井后,井深满足设计的要求,可以根据情况适当加深
下放井管	井管为φ400 mm无砂砾石滤水管,底部2 m作为沉淀用。在混凝土预制托底上放置井管,四周拴10号钢丝,缓缓下放,当管口与井口相差200 mm时,接上节井管,接头处用玻璃丝布密封,以免挤入混砂淤塞井管,竖向用4条30 mm宽竹条固定井管。为防止上下节错位,在下管前将井管立直。吊放井管要垂直,并保持在井孔中心。为防止雨水泥砂或异物流入井中,井管要高出地面500 mm,井口加盖
填滤料	井管下入后立即填入滤料。滤料采用水洗砂料,粒径为2~6 mm,含泥量小于5%,滤料沿井孔四周均匀填入,宜保持连续,将泥浆挤出井孔。填滤料时,应随填随测滤料填入高度,当填入量与理论计算量不一致时,及时查找原因,不得用装载机直接填料,应用铁锹或小车下料,以防不均匀或冲击井壁
井管四周黏土封井	在离打井地面约1.0 m范围内,采用黏土或杂填土填充密实
洗井	(1)各项均完成后,必须及时进行洗井工作,防止井孔淤死,且在正反循环成孔中有少量泥皮影响降水井抽降效果的发挥,也要通过洗井将泥皮洗出。 (2)洗井采用空压气举法,成孔时尽量采用清水护壁,采用大功率的空压机洗井并加入优质的滤管滤料,这样才能保证最良好的透水性。洗井时要将井底泥砂吹净洗透洗出清水
水泵安装、排水	清孔完毕后,根据降水设计计算中的降水井出水量情况,根据井深选用3.5 t/h的潜水泵抽水,可根据现场地下水的出水量调整水泵的容量。用钢丝绳吊放至距井底2.0 m处;铺设电缆和电闸箱,安装漏电保护系统
大口井后期处理	在完成其使用目的并拆除井泵后,按设计要求和施工方案进行大口井的处理。近地面部分按原貌予以恢复

（3）集水明排法施工工艺见表4—33。

表 4－33　集水明排法施工工艺

项目	内　　容
普通明沟和集水井排水法	在开挖基坑的一侧、两侧或四侧,在四角或每隔 30～40 m 设一集水井或在基坑中部设置排水明(边)使地下水流汇集于集水井内,再用水泵将地下水排出基坑外(图 4－16)。 　　排水沟、集水井应在挖至地下水位以前设置。排水沟、集水井应设在基础轮廓线以外,排水沟边缘应离开坡脚不小于 0.3 m。排水沟深度应始终保持比挖土面低 0.3～0.4 m;集水井应比排水沟低 0.5 m 以上或深于抽水泵的进水阀的高度以上,并随基坑的挖深而加深,保持水流畅通,地下水位低于开挖基坑底 0.5 m。一侧设排水沟应设在地下水的上游,一般较小面积基坑排水沟深 0.3～0.6 m,底宽应不小于 0.3 m,水沟的边坡为 1.1～1.5 m,沟底设有 0.2‰～0.5‰的纵坡,使水流不致阻塞。较大面积基坑排水,常用水沟截面尺寸可参考表 4－34。集水井截面为 0.6 m×0.6 m～0.8 m×0.8 m,井壁用竹笼、钢筋笼或木方、木板支撑加固。井底应填以 20 cm 厚碎石或卵石,水泵抽水龙头应包以滤网,防止泥沙进入水泵。抽水应连续进行,直至基础施工完毕,回填后才停止。如为渗水性强的土层,水泵出水管口应远离基坑,以防抽出的水再渗回坑内;同时抽水时可能使邻近基坑的水位相应降低,可利用这一条件,同时安排数个基坑一起施工。 　　这种排水方法的优点是施工方便,设备简单,降水费用低,管理维护较易,应用最为广泛。适用于土质情况较好,地下水不很旺,一般基础及中等面积群和建(构)筑物基坑(槽、沟)的排水
分层明沟排水法	当基坑开挖土层由多种土壤组成,中部夹有透水性强的砂类土壤,为避免上层地下水冲刷基坑下部边坡,造成塌方,可在基坑边坡上设置 2～3 层明沟及相应的集水井,分层阻截并排除上部土层中的地下水(图 4－17)。排水沟与集水井的设置方法及尺寸,基本与"普通明沟和集水井求方法"相同。应注意防止上层排水沟的地下水溢流向下层排水沟,冲坏、掏空下部边坡,造成坍方。本法可保持基坑边坡稳定,减少边坡高度扬程,但土方开挖面积加大,土方量增加,适于深度大的大面积地下室、箱基、设备基础群应用

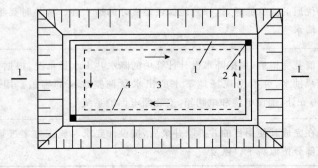

图　4－16

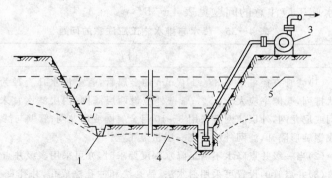

图 4—16 普通明沟排水法

1—排水明沟；2—集水井；3—离心式水泵；4—建筑物基础边界；

5—原地下水位线；6—降低后地下水位线

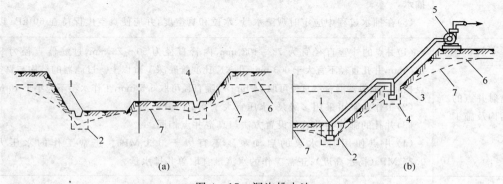

(a)　　　　　　　　　　　(b)

图 4—17 深沟排水法

1—主排水沟；2—支沟；3—边沟；4—集水井；5—原地下水位线；

6—降低后地下水位线；7—底层垫层

表 4—34 基坑（槽）排水沟常用截面表

图示	基坑面积（m²）	截面符号	地下水位以下的深度（m）					
			粉质黏土			黏土		
			4	4~8	8~12	4	4~8	8~12
	5 000 以下	a	0.5	0.7	0.9	0.4	0.5	0.6
		b	0.5	0.7	0.9	0.4	0.5	0.6
		c	0.3	0.3	0.3	0.2	0.3	0.3
	5 000~10 000	a	0.8	1.0	1.2	0.5	0.7	0.9
		b	0.8	1.0	1.2	0.5	0.7	0.9
		c	0.3	0.4	0.4	0.3	0.3	0.3
	10 000 以上	a	1.0	1.2	1.5	0.6	0.8	1.0
		b	1.0	1.2	1.5	0.6	0.8	1.0
		c	0.4	0.4	0.5	0.3	0.3	0.4

（4）降水与排水施工应注意的问题见表4—35。

表 4—35　降水与排水施工应注意的问题

项　目	内　　容
真空井点结构和施工	（1）滤管直径可采用 38～110 mm 的金属管，管上渗水孔直径为 12～18 mm，呈梅花状排列，孔隙率应大于 15％；管壁外应设两层滤网，内层滤网宜采用 30～80 目的金属网或尼龙网，外层滤网宜采用 3～10 目金属网或尼龙网；管壁与滤网间应采用金属丝绕成螺旋形隔开，滤网外应再绕一层粗金属丝。 （2）当一级井点降水不满足降水深度要求时，亦可采用多级井点降水方法。 （3）井点管的设置可采用射水法、钻孔法和冲孔法成孔，井孔直径不宜大于 300 mm，孔深宜比滤管底深 0.5～1.0 m。在井管与孔壁间及时用洁净中粗砂填灌密实均匀。投入滤料的数量应大于计算的 95％，在地面以下 1 m 范围内应用黏土封孔。 （4）井点使用前，应进行试抽水。当确认无漏水、漏气等异常现象后，应保证连续不断抽水。 （5）在抽水过程中应定时观测水量、水位和真空度，并应使真空度保持在 60 kPa 以上
喷射井点的结构及施工	（1）井点的外管直径宜为 73～108 mm，内管直径为 50～73 mm，过滤器直径为 89～127 mm，井孔直径不宜大于 600 mm，孔深应比滤管底深 1 m 以上。过滤器的结构与真空井点相同。喷射器混合室直径可取 14 mm，喷嘴直径可取 6.5 mm，工作水箱不应小于 10 m³。 （2）工作水泵可采用多级泵，水压宜大于 0.75 MPa。 （3）井孔的施工与井管的设置方法与真空井点相同。 （4）井点使用时，水泵的启动泵压不宜大于 0.3 MPa。正常工作的水压力为 0.25 MPa（扬水高度）；正常工作的水流量宜取单井排水量
管井结构	（1）管井井管直径应根据含水层的富水性及水泵性能选取，且井管外径不宜小于 200 mm，井管内径宜大于水泵外径 50 mm。 （2）沉砂管长度不宜小于 3 m。 （3）钢制、铸铁和钢筋骨架过滤器的孔隙率分别不宜小于 30％、23％和 50％。 （4）井管外滤料宜选用磨圆度较好的硬质岩石，不宜采用棱角状石渣料、风化料或其他土质岩石。 （5）抽水设备主要为深井泵或深井潜水泵，水泵的出水量应根据地下水位降深和排水量大小选用，并应大于设计值的 20％～30％。 （6）管井成孔宜用干孔或清水钻进，若采用泥浆管井，井管下沉后必须充分洗井，保持滤网的畅通。 （7）水泵应置于设计深度，水泵吸水口应始终保持在动水位以下。成井后应进行单井试抽检查降水效果，必要时应调整降水方案。降水过程中，应定期取样测试含砂量，保证含砂量不大于 0.5‰
基坑降水监测	（1）对降水井应定时测定地下水位，及时掌握井内地下水位的变化，确保水泵正常运行。 （2）在基坑中心或群井干扰最小处及基坑四周，宜布设一定数量的观测孔，定时测定地下水位，掌握基坑内、外地下水位的变化。 （3）临近基坑的建筑物及各类地下管线应设置沉降点，定时观测其沉降，掌握沉降量及变化趋势

（5）降水与排水施工质量验收及主要技术文件见表 4—36。

表 4—36　降水与排水施工质量验收及主要技术文件

项　目	内　　　容
质量验收	（1）在基坑开挖过程中，必须防止管涌、流砂、坑底隆起及与地下水有关的坑外地层过度变形，做好对地下水的控制。 （2）降水与排水是配合基坑开挖的安全措施，施工前要有降水与排水设计。当在基坑外降水时，要有降水范围的估算，对重要建筑物或公共设施过程中应监测。降水会影响周边环境，应有降水范围估算以估计对环境的影响，必要时需有回灌措施，尽可能减少对周边环境的影响。降水运转过程中要设水位观测井及沉降观测点，以估计降水的影响。 （3）基坑工程控制地下水的方法有：降低地下水位、隔离地下水两类。降低地下水位方法有集水明排及降水井。降水井包括电渗井点、轻型井点、喷射井点、管井、渗井；隔离地下水包括地下连续墙、连续排列的排桩墙、隔水帷幕、坑底水平封底隔水等。 对于弱透水地层中的浅基坑，当基坑环境简单、含水层较薄、降水深度较小时，可考虑采用集水明排；在其他情况下宜采用降水井降水、隔水措施或隔水、降水综合措施。 （4）当因降水而危及基坑及周边环境安全时，要马上采用截水或回灌方法。截水后，基坑中的水量或水压较大时，采用基坑内降水。 当基坑底为隔水层且层底作用有承压时，应进行坑底突涌验算，必要时可采取水平封底隔渗或钻孔减压措施保证坑底土层稳定。 （5）必须做好地表水的排除或地面隔渗，同时还应清理废旧上下水管和人防等。 （6）基坑地下水控制设计应与边坡围护结构的设计统一考虑，对降、排水和支护结构水平位移引起的地层变形和地表沉陷应控制在允许的范围之内。 （7）排水沟和集水井可按下列规定布置： 1）排水沟和集水井宜布置在拟建建筑基础边净距 0.4 m 以外，排水沟边缘离开边坡脚不应小于 0.3 m，在基坑四角或每隔 30～40 m 应设一个集水井。 2）排水沟底面应比挖土面低 0.3～0.4 m，集水井底面应比沟底面低 0.50 m 以上。排水沟纵坡宜控制在 1‰～2‰。 （8）抽水设备可根据排水量大小及基坑深度确定。 （9）当基坑侧壁出现分层渗水时，可按不同高程设置导水管、导水沟等构成明排系统；当基坑侧壁渗水量较大或不能分层明排时，采用导水降水方法。基坑明排尚应重视环境排水，当地表水对基坑侧壁产生冲刷时，要在基坑外采取截水、封堵或导流等措施
主要技术文件	（1）工程地质勘察报告、图纸会审纪要、设计变更单。 （2）经审定的施工组织设计、降、排水施工方案及执行中的变更情况。 （3）降水过程中的监测记录。 （4）原材料复试报告、施工试验报告等资料。 （5）施工记录、隐蔽工程检查记录

参 考 文 献

[1] 中华人民共和国建设部,中华人民共和国国家质量监督检疫总局.GB 50202—2002 建筑地基基础工程施工质量验收规范[S].北京:中国计划出版社,2004.

[2] 北京建工集团有限责任公司.建筑分项工程施工工艺标准[M].北京:中国建筑工业出版社,2008.

[3] 江正荣.简明土方与地基基础工程施工手册[M].北京:中国环境科学出版社,2003.

[4] 中国建筑第八工程局.建筑工程施工工艺标准[M].北京:中国建筑工业出版社,2005.